中国高校艺术专业技能与实践系列教材

四川省"十四五"职业教育省级规划教材立项建设项目

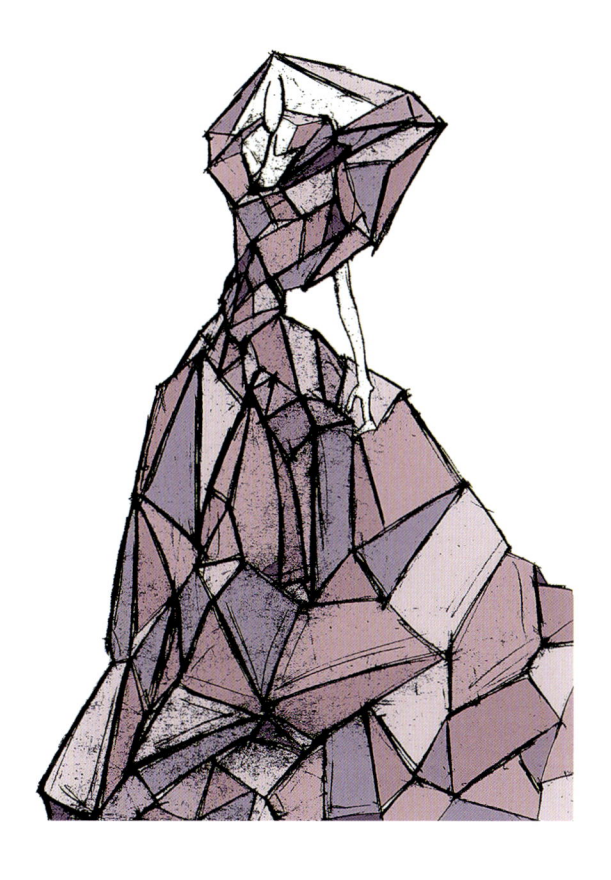

服装设计与实务

张晓黎 主编　韩天爽 副主编

人民美术出版社
北京

图书在版编目（CIP）数据

服装设计与实务 / 张晓黎主编；韩天爽副主编. --北京：人民美术出版社，2024.11
中国高校艺术专业技能与实践系列教材　四川省"十四五"职业教育省级规划教材立项建设项目
ISBN 978-7-102-09311-6

Ⅰ.①服… Ⅱ.①张…②韩… Ⅲ.①服装设计－高等职业教育－教材 Ⅳ.①TS941.2

中国国家版本馆CIP数据核字(2024)第056761号

编委会

主　　编：张晓黎
副 主 编：韩天爽
执行副主编：端木琳　杨睿佳　李晨晨　陈　艾　张殊琳
参　　编：袁本鸿　韩剑虹　李　迪

中国高校艺术专业技能与实践系列教材
ZHONGGUO GAOXIAO YISHU ZHUANYE JINENG YU SHIJIAN XILIE JIAOCAI

四川省"十四五"职业教育省级规划教材立项建设项目
SICHUAN SHENG "SHISIWU" ZHIYE JIAOYU SHENGJI GUIHUA JIAOCAI LIXIANG JIANSHE XIANGMU

服装设计与实务
FUZHUANG SHEJI YU SHIWU

编辑出版　人民美术出版社
（北京市朝阳区东三环南路甲3号　邮编：100022）
http://www.renmei.com.cn
发行部：（010）67517611
网购部：（010）67517604

主　　编　张晓黎
副 主 编　韩天爽
责任编辑　胡　姣　赵梓先
责任校对　卢　莹
责任印制　胡雨竹
制　　版　人民美术出版社印制设计部
印　　刷　天津裕同印刷有限公司
经　　销　全国新华书店

开　本：889mm×1194mm　1/16
印　张：8.75
字　数：128千
版　次：2024年11月　第1版
印　次：2024年11月　第1次印刷
印　数：0001—2000册
ISBN 978-7-102-09311-6
定　价：68.00元

如有印装质量问题影响阅读，请与我社联系调换。（010）67517850
版权所有　翻印必究

内容提要

　　本书针对已具有服装设计基础知识和初步技能的学习者，主要教授职业装设计、休闲装设计、品牌服装设计以及相关服装设计的知识和技能。本书的实务部分是从服装产业的概念上展开来介绍服装设计方法，不仅仅是停留在以讲述理论、原则、要求、流程为主的内容体系上，而是按照现代职业教育的要求，以企业产品研发人员完成的具体工作为主线，围绕课程对应的岗位，分析其包含的工作任务与职业能力，形成职业能力清单。本书遵循以培养职业能力为主，以基础理论学习为辅的教材组织结构编排原则，选取典型工作任务进行分析，按照"项目—任务—工作过程"的组织方式，结合岗位实训，引导学习者进行服装设计，实现基础理论知识和技能实践训练有机结合，使学习者能够较快地掌握服装企业设计岗位所需要的知识和技能。

　　本书是四川省"十四五"职业教育省级规划教材立项建设项目，是一本校企合作双元育人的实用性教材。本书适用于高职本科、高职高专的服装类专业核心课程、服装创新设计综合课程以及相关专业拓展课程使用，亦可供从事服装研发工作人员和服装爱好者学习、阅读和参考。

服装设计活动思维导图

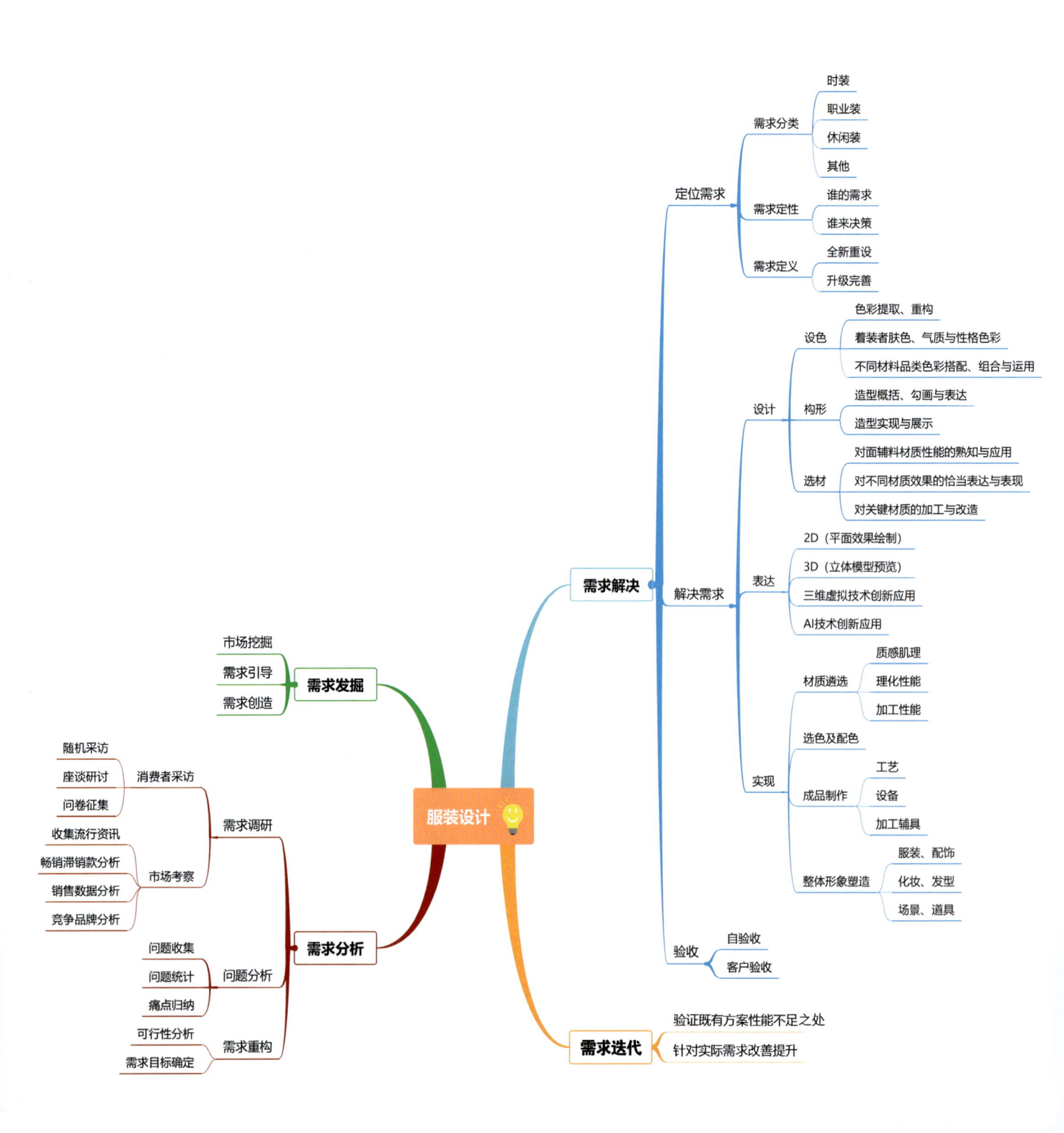

服装设计

需求发掘
- 市场挖掘
- 需求引导
- 需求创造

需求调研
- 消费者采访
  - 随机采访
  - 座谈研讨
  - 问卷征集
- 市场考察
  - 收集流行资讯
  - 畅销滞销款分析
  - 销售数据分析
  - 竞争品牌分析

需求分析
- 问题分析
  - 问题收集
  - 问题统计
  - 痛点归纳
- 需求重构
  - 可行性分析
  - 需求目标确定

需求解决

定位需求
- 需求分类
  - 时装
  - 职业装
  - 休闲装
  - 其他
- 需求定性
  - 谁的需求
  - 谁来决策
- 需求定义
  - 全新重设
  - 升级完善

解决需求
- 设计
  - 设色
    - 色彩提取、重构
    - 着装者肤色、气质与性格色彩
    - 不同材料品类色彩搭配、组合与运用
  - 构形
    - 造型概括、勾画与表达
    - 造型实现与展示
  - 选材
    - 对面辅料材质性能的熟知与应用
    - 对不同材质效果的恰当表达与表现
    - 对关键材质的加工与改造
- 表达
  - 2D（平面效果绘制）
  - 3D（立体模型预览）
  - 三维虚拟技术创新应用
  - AI技术创新应用
- 实现
  - 材质遴选
    - 质感肌理
    - 理化性能
    - 加工性能
  - 选色及配色
  - 成品制作
    - 工艺
    - 设备
    - 加工辅具
  - 整体形象塑造
    - 服装、配饰
    - 化妆、发型
    - 场景、道具

验收
- 自验收
- 客户验收

需求迭代
- 验证既有方案性能不足之处
- 针对实际需求改善提升

前言

服装设计是一种造型艺术,作为艺术设计的一个门类,它包含着其他艺术的特点和美学原理,同时也有自身的艺术语言和表现规律,具有哲学、美学、民族、文化等多种特征。服装设计是以人作为造型表现的对象,以各种物质材料作为载体,以特有的设计语言为媒介的艺术形式。在服装设计的过程中,设计师借助丰富的想象力和创造性思维活动来抒发内在的情感和独特的审美感受,向人们传达对生活的理解、对人体美的诠释。

现代服装设计理念,以创造新的生活方式、满足人的个性需求以及专属的职业特征团队着装需求为目的,或者说是为服务于新的生活方式、工作方式需求而设计。所以,现代的服装设计是为服务对象提供一种产品和商品设计,其设计应是工业、商业、科学和艺术高度一体化的产物,其最佳境界不仅仅是追求设计出美的实物,而且要能表达其丰富的内容和精神含义,"以衣载道,以美育人",以设计来改变和创新生活。

显然,现代的服装设计应该是指创造"前所未有"的形式和内容,其设计过程是研究、实施设计构想的思维和物化的过程。

所以,服装设计一是要从设计艺术或者艺术设计的角度去研究,如何应用诸艺术的美学原理,设计出具有自身特质的美的作品;二是要从市场学角度去研究,设计出市场(或特定消费群体)需要的产品(具有商品属性)。

那么,什么是美的又是市场需要的服装设计产品呢?大约可以这样描述:

能满足人着装的功能性,满足人类感官需求的审美性;能融汇人的理性和情感的意蕴,即审美观念、生活方式、文化素养、价值追求等,与人体和人的精神共同形成一个完整的人的形象。

现代服装产品的使用价值不仅包括物质的实用功能,而且包括其精神方面的认知功能和审美功能。可以将服装设计活动比喻成"戴着脚镣跳舞",这个"脚镣"是以人为本、以自然为本,设计不能信马由缰地抒发、宣泄个人情感,而应以创造满足特定人群的着装需求,这是服装设计的基本要求和规律。进一步讲,从市场营销角度看,服装产品设计要创造企业的核心竞争力。设计的创新能力是企业的核心竞争力之一,它可以为消费者的感知做出贡献,竞争者(短期内)难以模仿,才能让企业立于不败之地。

这就回到了艺术设计或设计艺术的实质——创新。创新是设计的原动力，服装设计的本质就是创新。创新的主要内容包括服装材料、色彩设计、款式造型、结构设计、工艺设计及相关内容，如动静态展示艺术、VI设计、市场调研、设计管理、市场营销、消费者心理学、服饰文化等。

2024年元月

目录

项目一　服装设计程序与方法　…………　001
  第一节　服装设计的基础知识…………　002
　　一、服装设计的含义　………　002
　　二、服装设计创作要素分析简述　………　002
  第二节　时装设计与方法…………　006
　　一、了解时装设计　………　006
　　二、怎样做时装设计　………　007
　　三、设计元素提取与整合　………　011
　　四、三大设计元素的关系和设计重组　015
　　五、时装设计提要与分析　………　019
  第三节　分解训练…………　022
　　一、设计灵感来源　………　022
　　二、设计元素提炼　………　024
　　三、设计元素整合　………　024
　　四、设计元素应用　………　025
　　五、创意设计训练　………　029

项目二　系列设计拓展　…………　031
  第一节　服装款式系列设计…………　032
　　一、什么是系列设计　………　032
　　二、如何拓展服装产品系列设计　……　032
　　三、拓展系列设计的其他手法　………　040
  第二节　系列设计的分解训练…………　043
　　一、女装款式细节设计　………　043
　　二、男装款式细节设计　………　044
  第三节　时装的系列设计拓展…………　048
　　一、案例解读
　　　　——某时装品牌的拓展系列设计…　048
　　二、目标市场与系列设计　………　050
　　三、品类组合构成　………　052

项目三　服装分类设计…………　057
  第一节　职业装设计…………　058
　　一、职业装概念解析　………　058
　　二、怎样做职业装设计　………　061
　　三、案例解析　………　063
  第二节　休闲装设计…………　067
　　一、休闲装概念解析　………　067
　　二、休闲装设计的主要内容及方法　…　072
　　三、休闲装设计案例　………　076

四、休闲装设计的创新方法 …………… 079

项目四 品牌服装设计 ………………… 083
第一节 何为品牌服装设计 ……………… 084
　　一、从认识到了解 …………………… 084
　　二、深入了解品牌服装 ……………… 085
第二节 设计之前 ………………………… 087
　　一、品牌服装怎么设计 ……………… 087
　　二、品牌服装的设计思路与方法 …… 090
第三节 怎样设计品牌服装 ……………… 092
　　一、转换思考习惯 …………………… 092
　　二、形成设计框架 …………………… 093
　　三、市场调研 ………………………… 095
第四节 从企划开始统筹设计方案 ……… 095
　　一、企划案的目的是什么 …………… 095
　　二、企划案里应该有什么 …………… 096
　　三、开发提案怎么做 ………………… 097
　　四、确定产品结构 …………………… 097
第五节 品牌服装设计开发 ……………… 100
　　一、主题下的款式设计 ……………… 100
　　二、主题下的拓展系列设计 ………… 101
　　三、产品搭配 ………………………… 101
第六节 品牌服装设计实施 ……………… 101
　　一、制作样衣 ………………………… 101
　　二、样衣评审 ………………………… 102
第七节 品牌服装陈列展示 ……………… 102
　　一、服装订货会 ……………………… 103
　　二、专业博览会、时装周展示 ……… 105
第八节 项目实施 ………………………… 105
　　一、时尚男装品牌夏装设计与开发 … 105
　　二、开发实施 ………………………… 106

项目五 项目综合实践 ………………… 111
第一节 职业装设计研发项目 …………… 112
　　一、项目描述 ………………………… 112
　　二、市场调研 ………………………… 113
　　三、提出预想方案 …………………… 113
　　四、产品设计定位 …………………… 113
　　五、产品设计开发 …………………… 114
　　六、产品款式细节设计 ……………… 116
　　七、工艺结构设计 …………………… 116
　　八、制版、试样 ……………………… 117
　　九、工业化生产 ……………………… 118
　　十、成品展示 ………………………… 118
　　十一、项目评价 ……………………… 118
第二节 时尚男装品牌研发项目 ………… 121
　　一、项目描述 ………………………… 121
　　二、研发部工作流程 ………………… 122
　　三、开发前的各项工作 ……………… 122
　　四、参与T恤设计 …………………… 124
　　五、参与T恤图案设计 ……………… 126
　　六、2022春夏T恤设计图稿 ………… 126
　　七、2022春夏T恤成品展示 ………… 127
　　八、项目评价 ………………………… 128

后记 ……………………………………… 131

参考文献 ………………………………… 132

项目一
服装设计程序与方法

本项目重点：服装设计的方法
本项目难点：设计元素的提炼、归纳与重组
授课形式：讲授 + 课堂练习
建议学时：8 学时

第一节 服装设计的基础知识

一、服装设计的含义

（一）服装设计的概念

服装设计是一种艺术活动，是运用特定的思维形式、美学原则、运作程序和制作计划，按要求和目的将设计构思利用绘画手段并配合文字以直观的形象表达出来，再选择适合的材料通过相应的结构设计和工艺设计，将构想转化为衣服成品，是一种特殊的艺术实践形式。

（二）服装设计的基本特性

设计是思维构思具体化的一个过程，是有目的地解决问题的行为。服装设计是一种思维创意活动。就服装而言，一个完整的设计是指从构思产生到样品完成为止，它具有以下基本特性。

1. 创造前所未有的形式

包括服装的新造型、新色彩或新的色彩配置，以及新材料或对材料进行二次创造、创新工艺等。也可以说是新的艺术风格与形式诱发的概念设计。

2. 提出设想与方案

想象力是设计师不可缺少的能力。要将想象的意念形式变成可行的设计，需要提出具体的设想和方案，这是一个具体的思维过程。对采集的信息和新的设计元素进行筛选，将服装创作要素构思具体化，是潜意识的信息与所设想相符的孵化阶段。

3. 物化的表现形式

物化是将设计思维转变成他人可以感知的实物形态。设计必须通过思维和物化这两个环节体现，二者缺一不可。只有当设计思维以某种形式物化以后，人们对这一思维的认知才能有较为统一和明确的视觉感受，进而在服装设计中借助绘画手段、辅助设计软件或数字化技术表现构思和设计理念，应用材料、色彩、工艺将图形变成实物样品。

（三）贯穿服装设计活动的中心思想

服装设计是运用特定的思维形式、美学原则、运作程序、制作计划的系列工作，是完成一项具体的创新工作的过程。服装设计活动始终要坚持设计源于生活、立足市场、把握时代，要树立具有高度文化含量的服装设计视点进行服装设计活动。

贯穿服装设计的思想是如何使艺术实用化，如何使概念具体化。设计要达到既要让公众接受，又要体现鲜明个性，融合科学原理，呈现时代特征。

著名学者易中天说："产品是设计的第一对象，设计一开始是从产品的外观及造型入手的……消费者也会对产品外观提出要求，这些要求不但包括形态、构成、色彩、肌理，还包括质感和手感……必须方便实用。"

二、服装设计创作要素分析简述

服装产品具有三个特征。第一，服装产品是为了满足人们的需求而生产，直接为使用者服务，具有社会目的性和使用性。第二，服装产品的设计及生产是按照一定的方法、以某种结构方式来实现的，具有规律性。第三，服装产品能反映人们的某种意志和情感，具有审美价值，其设计要求通常可以归纳为功能性、审美性、创新性、经济性、市场性和文化性。服装产品设计就是对产品的材料、造型、结构、功能、色彩和装饰进行综合性的设计、生产，从而制造出符合消费者需要的美观、实用、经济的服装服饰产品。

（一）材料

材料对服装设计师来说，是其创造性表现的媒介。在服装设计创作活动中，必须要掌握服装材料的性能，研究材料的美与服装、与人之间的关系。

1.材料美

材料美包括肌理美和材质美。设计美学中所指的肌理泛指一切材料的表面形态，它包含材料表面的组织结构、形态和纹理，而通常人们所说的质感是人对材料表面质地的心理感受和情感态度。这种感受主要通过人的视觉、听觉、触觉等审美感官获得。材料的肌理美除了纹理之外，还有视觉上的透明感和视觉、触觉上的光滑感。材质之美不仅包括材料表面的肌理美，同时也包括材料的物理性能、化学性能、社会价值以及人类情感等内容。服装材料的材质之美不是纯粹的美，不是自由美，而是依存美，即它是在使用的基础上符合人们生活美的目标，这就是设计师选用材料的原则。

2.材料之美在于用

服装设计的材料丰富多彩，材料的选择不仅影响到服装的审美与实用功能，材料自身也具有艺术表现的特质。材料除了作为产品结构的物质载体以外，其表面特征如色彩、光泽甚至质地，还可以直接作用于人的感官，成为产品的形式因素。

材质之美，离不开用。如何发掘出服装材料的艺术表现特质呢？设计师要追求多维性视觉形象创造，深入对材料质感和肌理的研究，环保地使用自然界的物质材料，为服装设计的创造性思维探索新的表现手法。

（二）色彩

色彩在人们的衣饰行为中占据重要地位。国际流行色机构的出现以及流行色的定期发布和广泛传播，都说明了色彩在现代人的时尚生活中扮演着重要的角色。在服装设计过程中，色彩是首先要考虑的因素，因为色彩产生的视觉效果远比其他元素强得多。马克思说："色彩的感觉是一般美感中最大众化的形式。"

对于色彩，我们要掌握其物理性能和视觉生理知识，需要深入色彩心理学、色彩文化学、色彩消费学等方面的学习研究，将对色彩的把握应用到服装设计中。

1.色彩与材料的搭配

第一，研究色彩一定要研究材料的质地，因为材料的表面是我们感知色彩的重要组成部分，色彩与面料质感的配合是无限的。设计师需要对各种色彩和面料质感有认识，将服装色彩通过不同材质的面料体现，以达到色感与质感的最佳组合。第二，应研究色彩与面料的图案。服装面料图案从工艺上分有织花图案、印花图案和刺绣编织类的工艺图案等；从结构上分有单独图案、适合图案、二方连续和四方连续图案等；从内容上分有花、鸟、虫、鱼等动植物图案；从风格上分有民族图案、东西方传统图案、现代图案等。不同的图案通过与色彩、材质的有机结合，显示出各具特色的魅力。

2.流行色

流行色是受时下社会经济、科学文化、消费心理等因素影响，表现为在一定时期内、一定区域中最受人们欢迎、喜爱而被使用得最多的色系。流行色的产生不是由少数人的主观愿望所决定的，而是取决于人们对自然色彩的自然需求，是在社会发展和市场基础上产生的。流行色的预测由流行预测机构和专业人员来进行，并以出版物的形式公布。大多数企业都要靠预测的信息来预测相关的变化，策划自己的产品开发方案的色彩系列，从而形成一种色彩消费的主流文化。我国目前的色彩流行发布主要是由国际流行色协会、中国流行色协会、国际羊毛局、国际棉业协会等机构来进行。当然，流行色预测和发布是一种指导性发布，不同品牌、不同消费群体所接受的时间和程度是不同的，但是流行色作为现代社会中特有的消费文化，已广泛被人们所重视和接受。流行色信息的应用早已成为时尚类产品开发过程中非常重要的一环，虽然很多人十分关注也十分重视流行色，但在实际中运用流行色、将流行色融入一个品牌的设计中，是一项有难度的工作，也是服装设计师需要掌握的理论知识和实操技能。

（三）款式

1.服装款式与廓型设计

服装款式设计是服装设计的中心内容，服装的款式变化是由着装后的外部廓型及其内部结构来具体表现的。影响服装整体变化和视觉印象的关键环节是服装外轮廓线的设计，也就是廓型设计。服装廓型的变化是款式设计关键的一点，也是服装最能体现时代特征的要素之一。轮廓不仅表现了服装的造型风格，也是表达人体美的重要手段。大多数学者把服装轮廓归为两类，即直线型和曲线型。

廓型是流行要素之一，是设计的第一步，也是其后设计工作的依据、基础和骨架。研究廓型的设计，也就是研究廓型的外形、线的周长和构成廓型的量感区。

服装廓型的变化蕴含着深厚的社会内容，在服装设计活动中，它作为一种单纯而又理性的轨迹，是人类创造性思维的结果。

2.款式的内结构设计

服装款式的内结构设计要素是多样的，如领、袖、省缝、分割线等，任何一种要素的变化都可以得到相对新的服装款式。服装的结构设计包含三个方面：功能性结构、审美性结构、生产性结构。

功能性结构：服装的结构和构造是依据"自然人体"建立的，要满足由人体运动生理需求的功能，也就是应从人体的活动需求来设计功能，以满足其合理性和舒适性。

审美性结构：服装内结构首先要解决的是实用性，而成功的结构设计是实用与审美的完美结合，对人体和谐表现是追求服装的审美产生的结构设计变化，所以结构设计很重要。服装的内结构设计要素是多样的，任何一种要素的变化都可以得到相对新的、美的服装款式，正是通过在结构技术上的突破和创新，人类创造了服装史上丰富的款式变化。

生产性结构：生产性结构设计指服装的结构设计，就是纸样设计。除了正确传达服装设计的构想，还要符合材料的性能、工艺的适配，以保证服装的塑形，并考虑生产工艺的可实施性以及服装产品的耐穿性等。

作品欣赏：具有材料美、色彩美、廓型美的创意礼服（图1-1至图1-3），具有色彩与图案

图1-1　作品《三星遇锦》　设计：杨成成　品牌：绣匠

图1-2 作品《雨后青城》
设计：杨成成　品牌：绣匠

图1-3 荣昌夏布时装作品
设计：中国金顶时装设计师张义超

图1-4 具有色彩与图案搭配美的创意国潮风作品

图1-5 具有图案、材料、款式设计美的时装作品

搭配美的创意国潮风作品（图1-4），具有图案、材料与款式设计美的时装作品（图1-5）。

> **经验提示：设计师说作品创意**

作品《三星遇锦》的造型灵感源于三星堆青铜器文化，作品既有时尚感又有蜀地文化特色，具有造型美；作品采用龙凤虎纹蜀锦，此蜀锦纹样源自马山一号楚墓出土衣面的龙凤虎纹绣，采用非遗蜀锦技艺织造而成，具有材料美；作品的面料色是三星堆青铜器颜色的衍生，搭配绿底蜀锦美观时尚，具有色彩美。

作品《雨后青城》以四川具有代表性的"问道青城山"为设计灵感，用非遗蜀绣的技艺在胸腰间绣出一幅"雨后青峰叠嶂，云雾缭绕缥缈"的远眺图，兼具造型美、材料美与色彩美。

> **思考题**

如何培养服装设计创新思维？

第二节 时装设计与方法

一、了解时装设计

（一）何为时装，何为时装设计

时装，通常是指在一定时期和一定区域内流行的新装。

时装具有时空性、流行性和周期性的特征，又可分为前卫（创意）时装、大众时装和品牌时装（图1-6至图1-13）。后两类是以市场为导向的服装产品，是满足大众消费者从求同转向求异审美需求的服装。这里的时装设计主要指大众时装产品、品牌时装产品的开发与设计。

时装有两个设计要点：第一是创新设计，其核心问题是如何提升时装产品的附加值；第二是创新要有度，使时装产品既适应市场需求，又能积极引导市场消费趋势，达到创新价值和市场消费的紧密结合。

图1-6　高田贤三2023春夏时尚男装 　　图1-7　前卫时装 　　图1-8　创意时装　中国金顶时装设计师张义超作品

图1-9　2019秋冬巴黎时装周　迪奥（Dior）作品秀引领时装潮流

图1-10 迪奥2022夏季时装秀

图1-11 马丁·马吉拉时装屋（Maison Margiela）2020秋冬系列时装秀

图1-12 大众时装优衣库（UNIQLO）2024春夏新款

图1-13 品牌时装 中国金顶时装设计师李小燕作品

图1-14 具有牛仔、风衣等经典款式，适合日常穿着的大众时装

图1-15 具有较强时代特征的大众时装

（二）时装设计的特征

时装的最动人之处正是紧随时尚，所以时装设计的特征主要表现为：具有较强的时代特征、创新意识、先进的技术手段等，需要体现穿着者的个性和时尚意识（图1-14、图1-15）。

（三）时装设计的要求和原则

时装设计要遵循功能性、创造性、象征性、审美性及市场性要求。

在设计过程中，形式美法则贯穿设计的全过程，指导设计师将已提炼好的设计元素组合成一件美的服装。

二、怎样做时装设计

（一）设计定位

大众时装，是满足大众日常生活的流行服装，通常以穿着的目的确定设计定位；品牌时装，通常依据品牌的目标消费群的着装需求以及提升产品的附加值进行定位。

（二）设计理念

通过商品企划，明确新季产品的开发理念，提出设计主题，进行重要的信息采集与市场调研，包括最新资讯、流行趋势、上季商品分析、面辅材料样品采集等，收集灵感源，提炼元素以

热带海岛SAINT TROPICAL

图1-16　春夏女装设计指导之一

表现设计主题。

上图是有关流行趋势研究机构曾公布的春夏女装设计指导之一（图1-16）。图片中的水果印花、高纯度色使人感受到浓浓的热带风情，航海风引出的柔美运动款式、仿古代植物图样的超写实水果印花、波普风格的彩色玻璃饰物等，为我们传达出了这样的流行信息：怀旧、舒适的极简主义将持续流行，而运动元素与鲜艳的图案结合，可表现出充满青春活力、特立独行的时装风貌。

富丽华贵、美艳灼人是意大利著名时尚设计大师瓦伦蒂诺·加拉瓦尼（Valentino Garavani）的设计特色。他喜欢用最纯的颜色，体现"前所未有的女性化、充满人性和细致"。他是豪华、奢侈的生活方式的象征，极受追求十全十美的名流、明星的钟爱（图1-17）。

知识链接：商品企划

商品企划是以实现企业利益为出发点，以满足目标消费群的需求为导向，从市场营销的角度，通过对商品明确定位、组合策略和生命周期的管理，实现商品从无到有再到卖给消费者（规划、设计、开发、采购、生产、销售等）的一系列规划和管理。其中涉及概念形象、品牌传播、营销策略、品类规划、商品陈列、店铺管理等。

图1-17　高级时装设计大师瓦伦蒂诺·加拉瓦尼（中）

知识链接：瓦伦蒂诺红

有一种红叫"瓦伦蒂诺红"，它将性感、奢华、绝美聚集一身，让时装尽显奢华的美感，它的缔造者正是意大利著名时尚设计大师瓦伦蒂诺·加拉瓦尼。瓦伦蒂诺对于高定时装的执着征服了众多名流佳人，他所设计的衣服尽显高贵、华丽、典雅的品质，他是意大利时尚界的佼佼者，也是国际时尚界中的王者之一。

大师名言

我从人群、音乐、电影、自己的家、旅行以及伦敦、巴黎和纽约的街上获取灵感。遇见有趣的人、参与重大事件，这些巨大的能量源以各种形式满足我。

——瓦伦蒂诺·加拉瓦尼

课堂练习

在流行资讯中找出典型的前卫时装、大众时装、品牌时装，并分析服装风貌的异同。

（三）主题看板

汇集有用信息形成灵感创意板、制作主题看板，可采用图文并茂的形式（图1-18）。主题看板的作用主要有三点：一是通过主题图文的内容界定设计的范围，明晰所设计时装的整体风貌；二是通过图文内容，获取需要的设计元素和细节；三是利用看板的图片色彩表现出所设计时装及其系列的色彩基调。

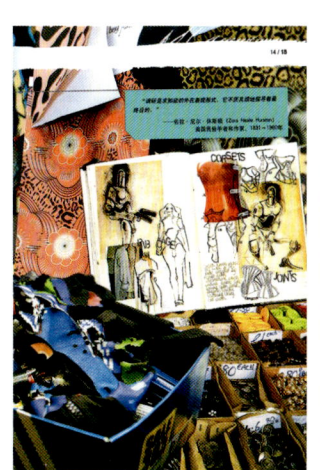

图1-18 主题看板示例

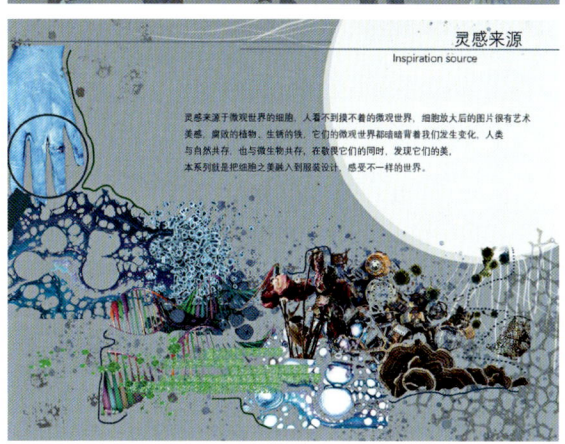

图1-19 2021第九届全国高校数字艺术设计大赛金奖作品
学生：李艾洪　指导教师：袁本鸿、杨睿佳

（四）提取设计元素

围绕设计主题，从各渠道收集国内外流行趋势和资讯，汇集灵感来源，提取设计元素。元素提取练习参见学生参赛习作（图1-19、图1-20）。

设计元素是设计的基础，包括线条、颜色、材料、廓型、细节形状，这是所有服装产品设计的根本。设计元素不同的组合构成不同的服装风貌。时装设计的主要元素可归纳为造型元素、色彩元素、材料元素。

1. 提取造型元素

造型元素指服装的廓型和各个局部的造型以及比例。造型不能离开人体的基本特征，衣服主要通过肩、腰、胯等部位来支撑，所以其造型的主要变化部位是肩、腰、围度、底摆。

将元素以绘画形式记录下来。可先整体记录，然后分析各局部的设计点，确定款式的内结构设计方向，并寻找有设计潜力的设计细节进行

图1-20　2021第九届全国高校数字艺术设计大赛四川省三等奖作品
学生：范珍　指导教师：杨睿佳、袁本鸿

图1-21　时装廓型——提取造型元素

局部的绘画记录准备（图1-21）。尝试从各个角度画出廓型，如前面、后面和侧面；试着把设计要点放大，如设计要点是领子还是袖子；然后再请模特摆好姿势来尝试表达设计理念和设计要点，并以此来推测着装者的时尚期望和着装风格。

2. 提取色彩元素

色彩元素的设计指改变色彩的冷暖、明度、纯度和配色。应关注色调的变化、色相的变化、流行的关键色，把握色彩要点和设计要点。

根据企业的色彩文化、新季的企划方案以及设计师个人的设色能力，将特征性色彩从PANTONE（潘通）色卡或NCS（自然色系统）、CNCS色彩系统中挑出备用（图1-22）。

知识链接：CNCS

CNCS是由中国纺织信息中心联合国内外顶级色彩专家和机构，在中国人视觉实验数据的基础上，经多年精心研发建立的中国应用色彩体系，即CNCSCOLOR色彩体系。该体系的建立力求为中国纺织服装行业提供权威而时尚的色彩选择、沟通、比对工具以及色彩管理解决方案。

3. 提取材料元素

材料元素包括材料的成分、质感、肌理、外观等。

可以从纺织品流行趋势报告中获取新材料信息，或参观国内面料辅料展，根据企业新季商品企划方案对材料的要求进行汇总，有针对性地大量收集材料的小样，提取材料元素（图1-23）。

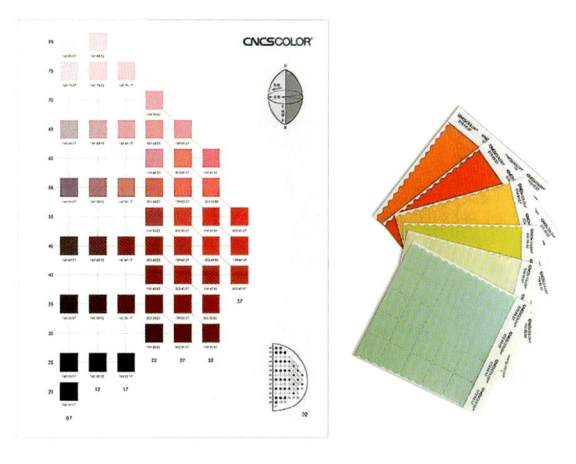

图1-22 CNCSCOLOR标准色彩体系

图1-23 材料小样看板

（五）重组设计元素

重组设计元素的关键是设计者要多角度、多方面思考，运用发散性思维做到"意在笔先"，产生新的有创意的设计思路；然后收集素材进行聚合思维，对各种创造性设想做理性的分析、归类整理，最终制定出符合要求的新产品设计提案。

综上所述，提取设计元素和重组练习是时装创新设计的关键，只有掌握正确的设计思维（途径）和应用的方法，设计才会成功。

三、设计元素提取与整合

下面进行设计元素的提取过程和元素重组练习。

（一）造型元素的整合

造型元素的整合指服装的款式设计，重点是服装的廓型变化。廓型是用以描绘服装轮廓和塑形的过程，是每季服装发生变化的基本元素之一。廓型的设计在合体、紧身、宽松的结构中变化。近年来，各类服装单品的各种造型，通常强调局部和细节上的变化。

以"H"型廓型为例，造型元素整合的几种方案如下（图1-24）。

教学案例：流行趋势分析

以2023春夏时装周的高级成衣发布为例，可以进行有关流行趋势的造型元素提炼与分析（图1-25）。

图1-24 以"H"型为基本廓型的造型元素组合

图1-25　2023春夏时装周高级成衣发布

图1-26 学生练习范例

课堂练习：造型元素提取与整合

1.按照教学案例的示范，进行廓型提取和整合设计。例如，将"H"造型元素进行组合变化，尝试形成新的廓型（图1-26）。

2.收集流行趋势中各类单品的局部和细节上的变化，归纳出新的设计要素。

3.分析图1-25中五套时装的流行要素、设计要点。

经验提示

按照在不同部位进行不同面积比例的变化原则，反复应用，可以帮助我们打开思维，这是时装设计非常重要的训练方法。

结构设计的立体思维可以丰富和衍生款式设计构想。廓型变化及设计创新点分析、造型元素整合，可作为专题训练反复练习，对学习时装设计非常重要。

知识链接：廓型随时尚而变化

1947年2月12日，法国设计师克里斯汀·迪奥（Christian Dior）以他推出的新装震惊了全世界，并给第二次世界大战后的市场复苏注入一针强心剂。这种被称为"新风貌"的时装与战时风格迥然相异——窄窄的肩去除了垫肩更显柔美，丰胸、细腰、蓬起的长裙离地面仅20厘米，迪奥称它为"花冠线条"，其用料之多令人瞠目结舌，它受到一些人的欢迎，同时也遇到另一些人的责难。随着战争的远离，"新风貌"逐渐被推广开来，它的出现不但彻底改变了服饰风貌，还极大地促进了消费，带动了经济的复苏。

迪奥被誉为20世纪最出色的设计师之一，以迪奥"新风貌"设计为代表的高级时装设计，被称为服装设计艺术与技术结合的典范（图1-27）。

图1-27 迪奥从1952年至1956年推出的新造型

项目一 服装设计程序与方法

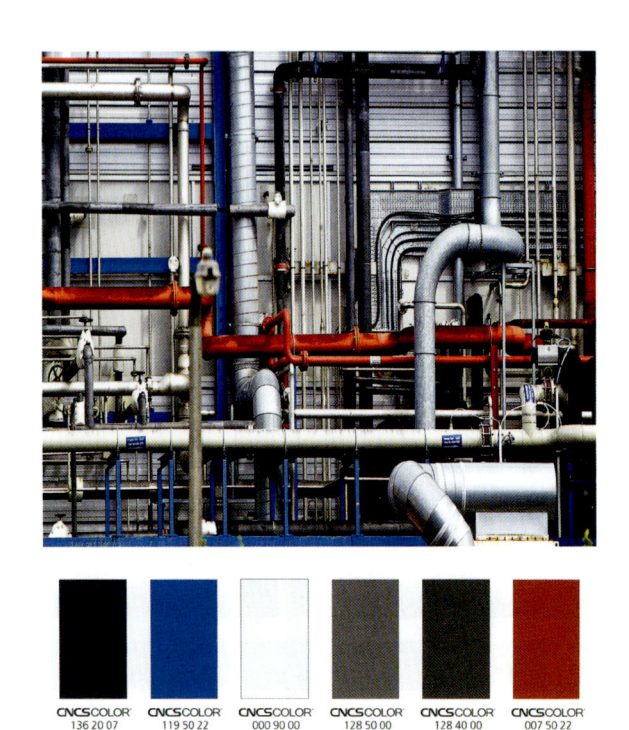

图1-28 "美丽的工业"灵感图及色彩元素排列

（二）色彩元素的整合

色彩是影响服装整体视觉效果的主要因素。提取色彩元素要结合流行趋势，按照不同目标消费群的喜好，以及着装者对色彩的认知状况进行重组整合。色彩元素的整合至少要达到两个目的：一是用好流行色的商业价值，二是能从色彩设计上拓展系列设计。

以设计主题"美丽的工业"为例，可以将灵感图中提取出的色彩元素进行排列（图1-28）。

对黑色、白色（近似白）、灰色、金属色、中性色、低纯度色、自然色、高纯度色，可以通过不同的归纳方法使色彩有序重组（表1-1）。

表1-1　色彩归类方案表

方案编号	分类方式
1	无彩色（黑色、白色、金属色）归类
2	黑色与高纯度色归类
3	近似白与中性色归类
4	金属色与低纯度色归类
……	……

在归类的色彩组合中，可以再细分各色的比例，通过色彩比例的变化使色彩在视觉上呈现出不同的"重量"，从而产生主色调。

课堂练习：流行色彩的提取及色彩元素整合

以方案1（无彩色归类）为例，我们可以得到以下几种色调方案（表1-2）。

表1-2　色调方案表

色调名称	色调组成
黑色调	黑色90%，白色5%，金属色5%
白色调	白色95%，金属银色5%
银色调	金属银色95%，黑色5%
银白色调	银色45%，白色50%，黑色5%
……	……

最后，将重组的色彩用潘通色卡或NCS、CNCS色卡分组排列（图1-29）。

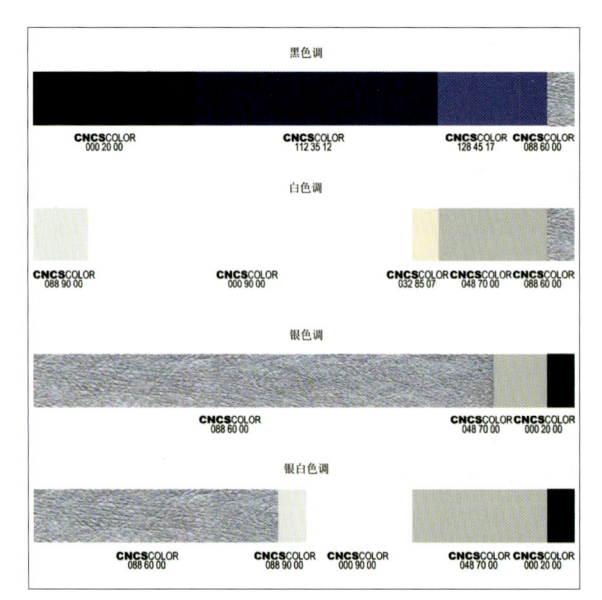

图1-29　色彩排列示例（学生作业）

以方案2（黑色与高纯度色归类）为例，我们可以得到如下配色（图1-30）。试着以其他方案为例，进行色彩的提取与整合练习。

图1-30　方案2配色示例

图1-31 材料重组与时装风格示例

表1-3 材料元素分类表

类别	具体材料
纺织材料	棉织品、牛仔布、印花细棉布、化纤制品
皮革材料	天然皮革、人造革
金属材料	抛光金属、亚光金属
……	……

表1-4 材料元素重组方案表

方案编号	重组方式
1	以牛仔布为主要的设计材料，配以天然皮革和亚光金属
2	以化纤织品为主要设计材料，配以人造革和抛光金属料
3	以天然皮革为主要设计材料，配以印花细棉布和亚光金属材料
……	……

> 经验提示

时装开发中色彩设计的一般原则为"大延续、小变化"，即以延续上季产品的色调风格为主，根据流行趋势加入变化。

（三）材料元素的整合

整理收集的材料小样，将提取的材料元素排列出来，制作材料样卡。

仍以设计主题"美丽的工业"为例，将预想能表现该主题理念的面料选出，并按照色调、肌理、风格进行归类（图1-31）。

制作材料看板，通过看板能表现出材料的质感、组织风格、搭配组合方式及时装风格，帮助我们做下一步的设计。

将提取的材料元素排列出来，如纺织品、皮革、金属。在重组前将材料进行进一步的类别细分（表1-3）。

将分类后的材料元素有主次地进行重组，并列出重组方案（表1-4）。

以上三个方案作为示范，为学习者的设计思维提供了思路。按照这一轨迹，通过材料比例的变化、材料特质的发掘利用，可以衍生出更多设计构思。如方案1的材料又可以组成以皮革为主要设计材料、辅以牛仔布和金属材料的方案。

> 课后练习

收集材料，做出面料、辅料以及你感兴趣的材料素材样本，最好能针对确定的设计概念和主题尝试材料元素的多种组合设计。

四、三大设计元素的关系和设计重组

设计元素的分类和整合仅是对千变万化的元素做一个大致的设计思考，整理出设计的脉络。各设计元素是互相衬托、互相影响的，进行设计重组将会产生无限的设计思路。如面料是色彩的载体，同一色彩在不同材质上有不同的表现，多样的表现和搭配为服装设计提供了广阔的空间（图1-32至图1-38）。

思考题

仔细观察图1-32至图1-38，分析各个案例中三大设计元素的关系和设计重组方式。

图1-32　红色应用在不同面料上的不同表现

图1-33　造型元素与色彩、材料元素的组合设计

图1-34 造型因材料不同而异

图1-35 纪梵希2023春夏高级成衣系列

图1-36　罗意威（LOEWE）2023春夏高级成衣系列

图1-37　路易威登2023春夏高级成衣系列

图1-38 诸种设计元素的整合重组

（一）色彩元素与材料元素

服装的色彩是通过材质来体现的。各异的材质与多彩的色调形成了各种各样的服饰形态，给人以不同的印象、美感以及特定的象征意义。

例如，红色张扬而富有激情，在不同面料上折射出不同的光彩和不同的风格。在图1-32中，红色应用在针织面料（左一）、绸缎面料（左二）、毛皮面料（右二）、化纤弹力面料（右一）上有着完全不同的风格。

（二）造型元素与色彩元素

造型元素包括形态、肌理、色彩。造型可以通过色彩强调、凸显，这是设计的常用手法。

（三）造型元素与材料元素

材料的性质决定着服装款式的范围。材料有软、硬、飘逸、厚重之分，如丝绸的光滑精致、麻制品的硬挺粗犷、毛织物的松软温暖等，不同的材料在服装设计中有不同的表现。造型元素因材料元素不同而异。

（四）诸种设计元素的整合重组

图案、造型、色彩、材料等设计元素的组合，在图1-32至图1-38的各款时装中均可找到。诸种设计元素的整合重组，是现代时装设计重要的设计手法。

设计元素是服装设计思维的源泉，设计元素重新组合的思维方式可以产生无穷的设计构思，并能拓展系列设计（图1-39）。

五、时装设计提要与分析

依照时装设计的要点、工作流程可以归纳出完整的结构图（图1-40）。此处将创新作为出发点说明设计流程，同时也指明了作为设计者需要了解、掌握的专业知识和技能。

把时装设计的过程系统化，以保障合理地推进设计进程。

这个过程，首先以穿着目的为前提，包括市场、穿着层次和各种环境；其次从"人"为主体和服装组成要素两方面进行调查研究，以此为基础，调整时装的构成要素，逐渐形成成衣的设计方案以及各具体步骤。这就是时装（成衣）的基本设计过程。

课后练习

收集大师和一线品牌最新发布的作品，归纳提取设计元素组合的典型作品，用图文并茂的方式进行表达、总结，整理备用。

知识链接：设计构思

设计需要创造性思维，与社会、经济、技术、审美、情感密切相关。设计时应处理好三对重要关系：设计师个性审美与受众普遍审美的关系、产品的美观与成本的关系、产品风格的超前性与适应性的关系。

图1-39 习作
设计：陈茜
指导教师：陈艾

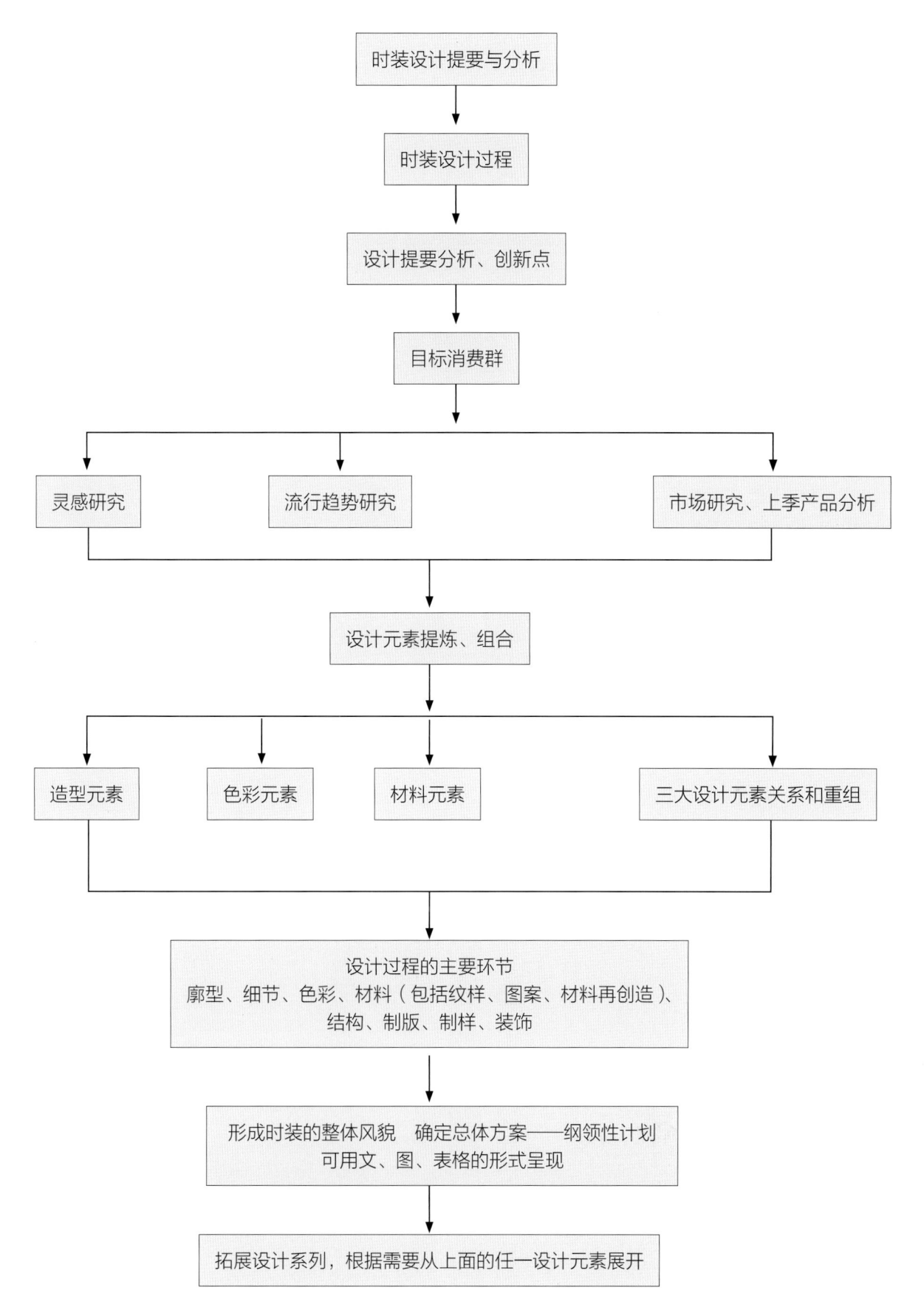

```
┌─────────────────────┐
│   时装设计提要与分析   │
└──────────┬──────────┘
           ↓
┌─────────────────────┐
│    时装设计过程       │
└──────────┬──────────┘
           ↓
┌─────────────────────┐
│  设计提要分析、创新点  │
└──────────┬──────────┘
           ↓
┌─────────────────────┐
│     目标消费群        │
└──────────┬──────────┘
```

```
    ↓              ↓               ↓
┌────────┐   ┌──────────┐   ┌──────────────────┐
│灵感研究 │   │流行趋势研究│   │市场研究、上季产品分析│
└────────┘   └──────────┘   └──────────────────┘
                  ↓
         ┌──────────────────┐
         │  设计元素提炼、组合  │
         └──────────────────┘
```

```
  ↓         ↓         ↓              ↓
┌──────┐ ┌──────┐ ┌──────┐ ┌─────────────────┐
│造型元素│ │色彩元素│ │材料元素│ │三大设计元素关系和重组│
└──────┘ └──────┘ └──────┘ └─────────────────┘
```

设计过程的主要环节
廓型、细节、色彩、材料（包括纹样、图案、材料再创造）、
结构、制版、制样、装饰

形成时装的整体风貌　确定总体方案——纲领性计划
可用文、图、表格的形式呈现

拓展设计系列，根据需要从上面的任一设计元素展开

图1-40　时装设计提要与分析结构图

第三节　分解训练

时装怎么设计？本节将从设计灵感来源、设计元素提炼、设计元素整合、设计元素应用、创意设计训练五个方面展开。

一、设计灵感来源

生活中处处皆是灵感源。一幅画，一首优美的诗歌，一座雄伟的建筑，一片秋天的叶子，一起社会热点事件，一个概念……都可以引发设计师的表达欲望，成为灵感之源。

寻找灵感做设计，学生习作范例如下（图1-41、图1-42）。

图1-41　以江南水乡为灵感的服装设计　设计：李彦

图1-42　以吴冠中水墨作品为灵感的服装设计　设计：高雪娇　指导教师：陈艾

二、设计元素提炼

从灵感源中把可用于服装设计的色彩、线条、廓型、细节等元素提炼出来。例如，从荔枝中可以提炼出色彩、形状、图案、细节特点等元素（图1-43）。

三、设计元素整合

将提炼出的设计元素与流行要素及市场需求相结合，进行有效整合，形成创意板（图1-44）。

图1-43 从荔枝中提炼设计元素

图1-44 创意板示例

图1-45 服装的外廓型设计

四、设计元素应用

（一）从造型元素中提炼廓型设计

结合流行趋势及设计主题进行服装的外廓型设计（图1-45）。廓型决定风格，也是整组系列设计统一性的入手点。

学习建议

在廓型设计之前，如果觉得无从下手，则可以认真分析所提炼的造型元素，用归纳出的几何形多多练习组合，注意设计服装造型的节奏和比例。

（二）从造型元素中提取细节设计

将设计充分细化，从廓型向内结构进行细节设计，应用分割线做服装的局部造型设计和结构设计，包括部件设计、工艺设计等（图1-46）。

（三）色彩元素设计

结合流行趋势进行色彩元素设计，注意色彩节奏的把握。可以构想多种设计方案（图1-47）。

（四）材料元素设计

在收集的材料样卡中挑选适合的面料。将色彩和款式反复比较并组合面料（图1-48、图1-49）。这个时候不仅需要面料小样，最好还要有做样衣的面料大样，这样才能较准确地了解材料的外观效果、触感、重量、肌理、色泽、风格等，从而挑出最合适的设计主题面料。

很多时候，收集到的材料不一定能表现设计师的想法，所以设计师会对材料进行再创作。下面是配合图1-47中色彩方案3进行的面料肌理重塑（图1-50）。

图1-46 从造型元素中提取细节设计

方案1：粉色调　　　方案2：浅棕色调　　　方案3：暖灰调、金属色

图1-47 多种色彩元素设计方案

图1-48 色彩方案1的面料小样

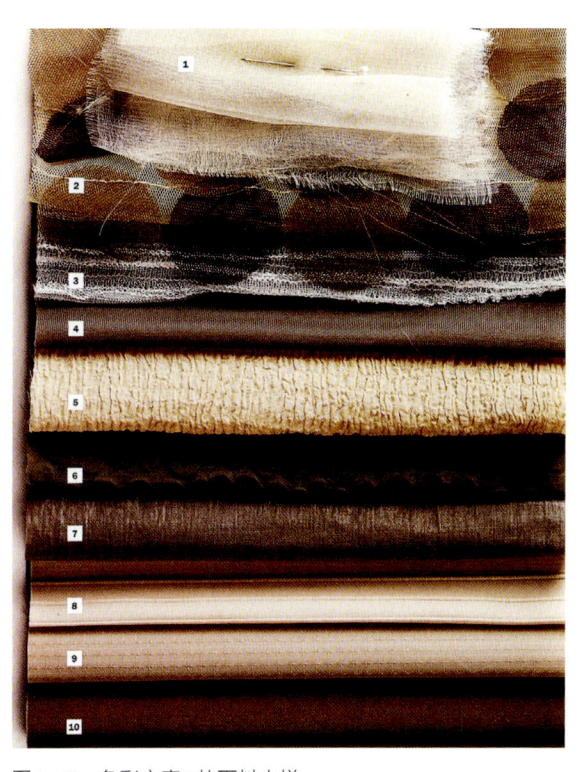

图1-49 色彩方案2的面料小样

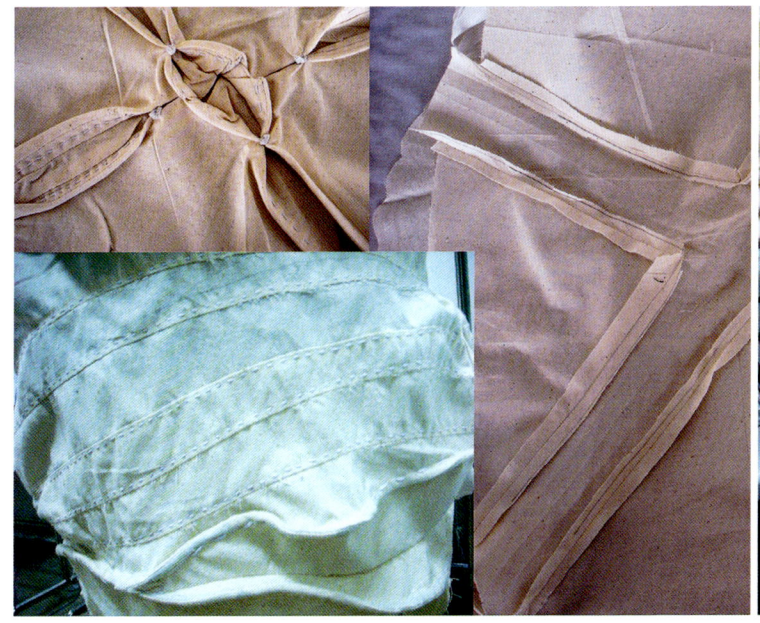

图1-50 色彩方案3的面料重塑

课堂练习：面料再造

结合本节所学知识，尝试进行材料元素设计中的面料再造，并对习作进行展示（图1-51）。

教学案例：名师面料再造

中国金顶时装设计师张义超携其"旭化成·中国时装设计师创意大奖"秋冬系列获奖作品登上中国国际时装周的舞台，以她独特的视角为人们呈现了自然与生活的意义（图1-52）。

图1-51　学生习作　指导教师：杨睿佳

图1-52　张义超"天·寓"作品秀

由日本旭化成株式会社、旭化成纺织株式会社提供的"宾霸"材料不足以满足张义超创作的需要，于是设计师将平整的"宾霸"材料进行压绉后再印花改造（图1-53）。张义超用作品阐释了"天·寓"的设计理念，她说："天，就是天空、天然、天地，或者说，是人类的生存空间。寓，就是寓所，也就是我们的生活空间。以'天·寓'为主题，表达大自然是人类最好的生活空间。"设计主题"天·寓"包含了大量的生态元素设计理念，将现代建筑立于景色之中、山水之间，与大自然共融于和谐场景中，让人们去思考回归自然的本质和规则。张义超对

"天·寓"的理解，也正阐释出当今社会最重要的课题：如何保护地球，如何普及环保，如何与自然和谐相处。

五、创意设计训练

参照"时装设计提要与分析结构图"，按基本流程模拟某时装品牌做设计提案，以帮助学习者厘清脉络，熟悉设计步骤，重点关注设计元素的提炼组合训练。

图1-53 "天·寓"作品

图1-54 《格尔尼卡》装饰壁画

专题训练：提取造型元素

尝试提取造型元素用于创意服装设计。可以选取最能激发创作灵感的素材为题进行创作，例如，以毕加索1937年为巴黎世界博览会西班牙馆创作的一幅名为《格尔尼卡》的装饰壁画作为灵感来源（图1-54）。

从画面中提炼出自己最感兴趣的元素作为造型元素。如图所示，基本元素为三角形（图1-55）。

图1-55 以三角形为基本元素

将以上练习创造出的立体空间元素作为造型设计元素，以手绘方式尝试多种组合（图1-56）。

对这些造型元素进行组合，初步形成服装廓型，并确定服装风格——以建筑风作为创作基调，绘制服装效果图，可拓展多款创意礼服设计（图1-57）。

课后练习

1. 搜集你感兴趣的灵感来源，尝试用上述程序进行一个系列3套时装的设计，要求作品规格为A3彩色，装订成册，并提交电子稿。

2. 按照时装设计提要与分析的流程，完成一份设计提案，要求作品规格为A3彩色，装订成册。同学之间可以组成设计小组，在企业导师和任课教师的指导下完成，作为岗位实训项目。

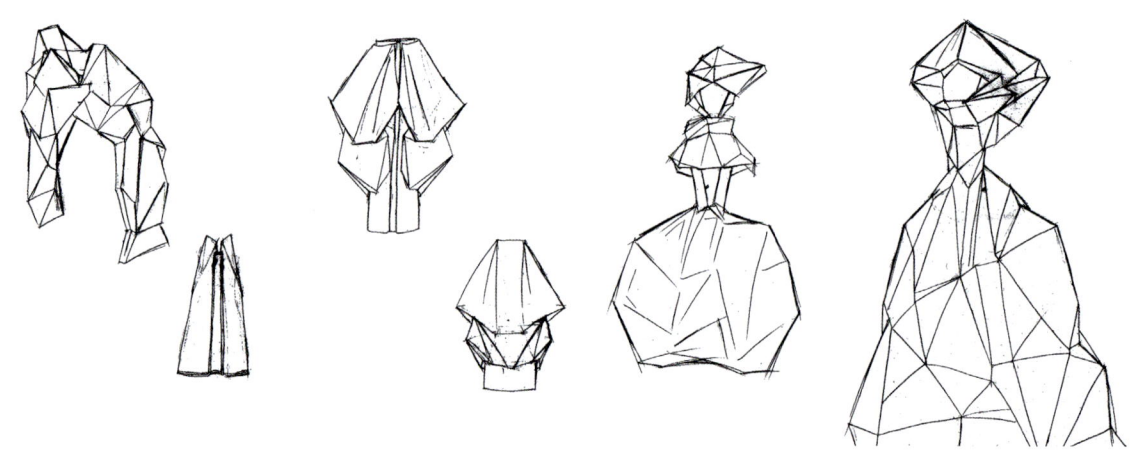

图1-56 以手绘方式尝试多种组合 设计：张昕

图1-57 绘制服装效果图 设计：张昕

项目二
系列设计拓展

本项目重点：服装系列设计的方法
本项目难点：根据不同服装类型拓展系列设计的要点
授课形式：理论与实践一体，讲、学、练相结合
建议学时：8 学时

第一节　服装款式系列设计

一、什么是系列设计

服装的系列设计是成衣设计品牌面向消费者而设计和生产的一系列服装、服饰产品。随着经济的发展、衣着文化的普及和大众审美眼光的提升，现代社会人们的着装需求早已不能被一件或单一的服装所满足，而往往需要一组服装的配套穿着设计，在购买时有系列款式可供选择。

服装的系列设计是由廓型、色彩、面料及重组等元素构建而成的，每个设计师会根据自己的经验与审美观有所侧重。对成衣品牌来说，拓展系列的设计受品牌风格、流行趋势导向的影响，根据目标市场、产品类型、季节、消费者喜好的不同而有所变化。

二、如何拓展服装产品系列设计

每季服装新品的开发设计均有一个设计主题，在这个主题下的中心款可以强调外廓型、内结构及细节，在此基础上进行色彩的系列拓展，或材料的变化拓展，抑或以上元素的重组。总之，需在保持风格的基础上进行创意，拓展设计服装系列。

服装系列设计的拓展涵盖服装款式系列设计。

（一）从造型元素拓展设计

服装廓型所反映的往往是服装总体形象的基本特征，像是从远处所看到的服装形象效果。廓型应符合流行趋势，它是设计的第一步，也是其后设计工作的依据、基础和骨架。廓型不仅体现服装的造型风格，也是表达人体美的重要手段。服装的廓型变化蕴含着深厚的社会内容，是最能体现时代特征的要素之一。

所以，在设计系列服装时，重要的是廓型拓展，款式在大体外廓型确定的基础上进一步研究结构和细节。款式是服装构成的具体组合形式，款式的结构主要通过造型元素来实现。

服装造型的变化根据其风格设计的重点而有所不同，可以尝试从以下三方面着手：整体廓型和主体结构的拓展（图2-1），构成部件的拓展，细节部分的拓展（图2-2至图2-5）。

图2-1　整体廓型和主体结构的拓展

图2-2 利郎男装款式图和成衣展示1

图2-3 利郎男装款式图和成衣展示2

图2-4 利郎上装系列造型元素拓展设计图

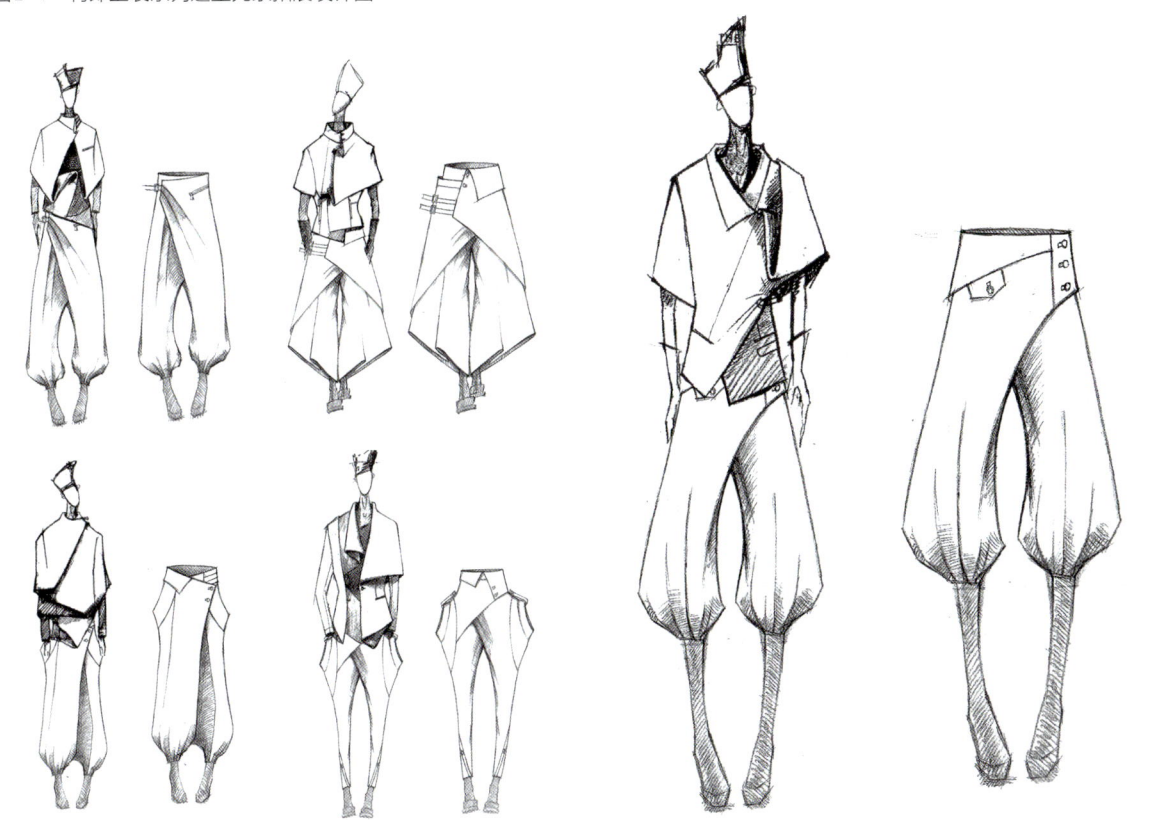

图2-5 利郎下装系列造型元素拓展设计图

项目（二） 系列设计拓展

图2-2至图2-5是男装品牌利郎某秋冬时装发布。其中，上装系列造型元素拓展设计图的设计要点为：运用流行元素，注重装饰性结构，强调细节设计。

在服装构成中，廓型的数量是有限的，而款式的数量是无限的。同样一个廓型，可以用无数种款式去充实，可以设计出多种款式。

课堂练习

请按上面给出的款式图，分别归纳利郎秋冬上装、裤子的设计要点以及拓展设计技法。

秀场链接

观看日本设计师同名品牌渡边淳弥的2023春夏时装秀，在欣赏宽阔的20世纪80年代肩斗篷、倒三角形褶皱衬衫裙等服饰的同时，捕捉其中的廓型、结构、细节设计创意。

（二）从色彩元素拓展设计

色彩对于时装系列设计是至关重要的，也是容易出彩的设计应用。

1. 主色调统一

色彩搭配组合的形式直接关系到服装整体风格的塑造。主色调决定服装的风格，因此，主色调设计原则是在力求统一中寻求变化（图2-6）。

例如，高级成衣品牌安娜苏（Anna Sui）善于应用色彩设计。图2-6中的时装花团锦簇，但通过主色调得以协调，是应用色彩进行系列设计拓展的范例。可以这样描述安娜苏的时装：色彩搭配出人意料且丰富，有着奇异的和谐。

知识链接：时尚品牌安娜苏

安娜苏是与创立者同名的美国时尚品牌。该品牌的产品涉及服装、配件、彩妆等多个领域，

图2-6 主色调统一的色彩系列设计——安娜苏2022春夏高级成衣

图2-7 安娜苏时装包

图2-8 安娜苏香水

其设计具有极强的吸引力，无论是服装、配件还是彩妆，都能让人感觉到一种抢眼的、近乎妖艳的色彩震撼。

设计师安娜苏最擅长从丰富多样的艺术形态中寻找灵感，如斯堪的纳维亚的装饰品、布鲁姆伯瑞部落装和高中生的校服，都能成为她的灵感源泉。她所有的设计均有明显的共性——摇滚乐派的古怪与颓废气质，这使她成为模特与音乐家的最爱。

她的设计风格具有浓郁的复古气息和绚丽奢华的独特气质，大胆而略带叛逆，色彩的搭配出人意料且丰富；作品基本的款式轻巧、简洁但注重细节，喜欢装饰。刺绣、花边、烫钻、绣珠、毛皮等一切华丽的装饰主义都集于她的设计之中，形成了她独有的巫女般迷幻魔力的风格，在充满街头感觉的同时，也保留了高贵的影子。时尚界因此叫她"纽约的魔法师"。

她的服装虽然前卫，但她的主导思想仍是强调可穿性和市场感的。在每一季时装发布会之前，安娜苏总会进行全面彻底的市场调查，以便了解时下市场最关注和最热衷的东西。因此，她的设计总能保持一种激情和活力。她非常喜欢用比较便宜的面料做出让许多人都能够接受的服装。她推出的手袋色彩艳丽，沿袭了服装风格，她的香水系列有相当惊人的拥护者（图2-7、图2-8）。

2018年，安娜苏与餐饮品牌肯德基（KFC）联名推出了"安娜苏定制KFC员工制服"，配色有时髦的高级灰、有趣的活力橙、年轻的时尚粉。这款象征着年轻、活力的"星"定制服由安娜苏大师亲自操刀设计而成，此次联名活动也成了安娜苏为人所乐道的品牌趣事。

课堂练习

1. 尝试分析安娜苏的设计作品是如何应用主色调统一的方式来拓展系列设计的。

2. 请用潘通色卡（或其他色彩系统）设计一组主色调统一的色彩配置图。

2. 均衡调整

根据不同的设计需要进行局部色彩调整，使服装整体更富于变化和富有韵律。在色彩调整的过程中，把握色彩的均衡设置，以达到最佳的视觉效果。

一般来说，有图案的上衣不搭配相同图案的衬衣和领带。内外两件套穿着时，色彩是同色系或反差大的，搭配起来会更有设计感（图2-9、图2-10）。

3. 分割色协调

在服装上应用不同色彩、不同质地的面料在不同位置进行合理的分割设计，结合服装自身的结构特点，达到色彩协调、款式独特的目的（图2-11、图2-12）。

应用分割色，可采用色彩拼接手法，可为同类色的拼接、邻近色的拼接和对比色的拼接，形成一种或多种色彩在视觉上的分割。这是色彩元素拓展设计常用的创意设计方法（图2-13）。

4. 加入强调色

以跳跃醒目的色彩点缀到设计中，使服装设计重点突出，既彰显品牌视觉形象，又达到整体和谐的目的（图2-14）。

5. 色彩层次的律动变化

通过色彩的递进关系，以交替形式出现，达到层次分明的色彩效果。以同类色或近似色递进为最佳选择（图2-15）。

图2-9 均衡调整的系列设计1

图2-10 均衡调整的系列设计2

图2-11 黑白分割的应用

图2-12　红色分割的应用可以延展多款设计

图2-13　色彩拼接手法可以延展多款设计

图2-14　应用可口可乐标志的红色做强调色

课堂练习

1.尝试分析均衡调整的设计图例（图2-9、图2-10）是如何应用色彩的均衡设置来拓展系列设计的。

2.请用潘通色卡（或其他色彩系统）设计一组均衡协调的色彩配置图。

图2-15　服装色彩层次的律动变化

（三）从服装材料元素拓展设计

1. 系列风格材料的拓展设计

以相同性能、风格的材质面料作为系列风格材料（图2-16）。

2. 不同材料、不同颜色的搭配设计

通过将材料、色彩运用于服装上的不同位置来拓展系列（图2-17、图2-18），也可以根据不同材质呈现的视觉效果进行面料的拼接，进而深化和凸显面料丰富的质感与戏剧性的对比效果（图2-19）。

3. 相同材料、不同肌理的拓展设计

挖掘材料的性能和特色以拓展系列设计，使材料的特点与服装造型、色彩、风格完美结合，相得益彰。

图2-16　从材料拓展的系列设计

图2-17　芬迪（FENDI）2023春夏高级成衣系列

图2-18　高田贤三（KENZO）2023春夏高级成衣系列

图2-19 不同材料、不同颜色搭配设计

以中国服装设计最高荣誉"金顶奖"获得者李小燕的作品"棉时尚"为例，图2-20中的款式是相同的面料和相同的米白色棉布设计，如果再配合不同色彩或搭配其他材料，则可以拓展出许多设计款式，形成系列设计（图2-20、图2-21）。

三、拓展系列设计的其他手法

除了以上三种设计元素可拓展系列设计外，我们常常还会应用灵感来源中某一特定的元素进行系列设计。下面简要介绍三种类型，即刺绣、拼接和草木染技艺。

（一）刺绣技艺

以金顶时装设计师梁子"羌绣莨缘"作品为例，设计师在充分理解和吸纳羌绣艺术精华的基础上，将羌绣图案巧妙地运用在莨绸高级定制服装的设计细节中。服装款式虽然不同，但通过羌绣艺术实现了系列的内在联系和视觉形象的统一（图2-22）。

图2-20 时装作品"棉时尚"系列1　设计：李小燕

图2-21 时装作品"棉时尚"系列2　设计：李小燕

图2-22 时装作品"羌绣莨缘" 设计：梁子

图2-23 拼接设计作品

（二）拼接设计

拼接作为一种最为常见的设计手法，被设计师们广泛运用于创作中。出色的拼接设计思维有助于设计师对现有的材料、款式以及色彩组合进行更理想的搭配或再造。

在服装款式上运用规则或不规则的拼接方式，能够帮助设计师打破并重组服装的原有结构，令款式富于变化，增添了创作的趣味性（图2-23）。

（三）草木染技艺

传统草木染技艺可以用来创作系列时尚服饰、进行时尚表现。以学生作品"雾蓝"系列为例，该作品运用面料、色彩、纹样和廓型进行综合创作，通过不同的草木染获得了不同的色彩晕染效果，力求最大可能地表现出草木染的自然美，以此来丰富设计。同时，这也是一种深含现代绿色环保理念的创作方式（图2-24、图2-25）。

课后练习

1.选择校企合作服装公司的设计案例结合市场情况进行造型、色彩、材料元素分析，完成一份图文并茂的报告。

图2-24 "雾蓝"系列 设计 制作：吴双 指导教师：张晓黎

图2-25 "雾蓝"系列成品图及面料创作小样

2.应用造型元素、色彩元素、材料元素拓展设计一组时装系列。

3.应用综合设计手法，拓展设计一组时装系列。

以上作业规格要求为A3大小，彩色；须将电子版发送至指定邮箱。

第二节 系列设计的分解训练

为加强时装系列设计的能力，此处给出时装分解训练的"入手"教程。以下图例是在大量收集流行信息和调研的基础上进行的提取归纳，在设计中可参考借鉴，作为设计图典使用。

一、女装款式细节设计

女装款式的细节设计应关注门襟及口袋、袖子、腰部等（图2-26至图2-28）。

图2-26 女装门襟及口袋设计

图2-27 女装袖子设计

图2-28 女装腰部设计

二、男装款式细节设计

男装款式的细节设计应关注衣身立体分割及斜插袋造型变化（图2-29），考虑下摆、前贴袋、袖口、袖型、挡风片和肩部的造型与工艺（图2-30、图2-31）。

以男装衬衫型夹克为例，应注意以下设计细节（图2-32、图2-33）。

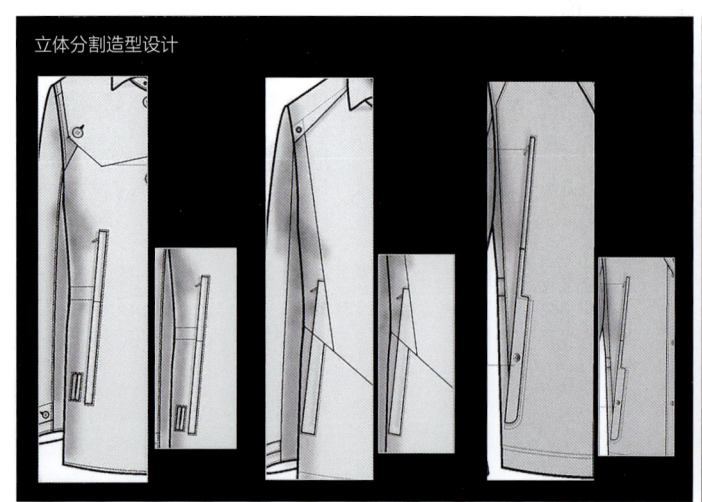

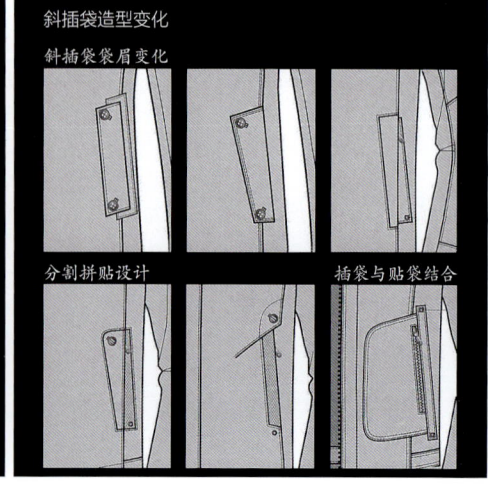

图2-29 男装款式衣身立体分割及斜插袋造型变化

斜插袋与下摆的搭配方式（一）

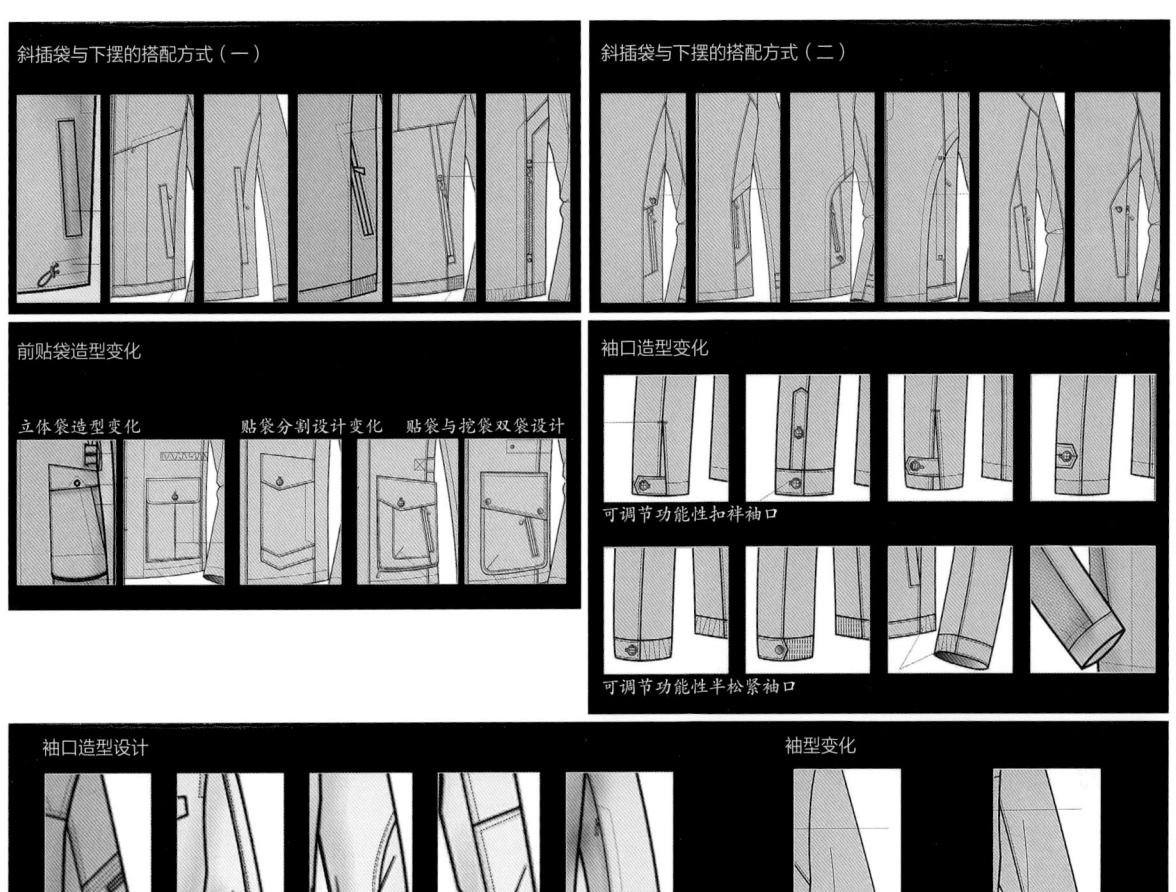

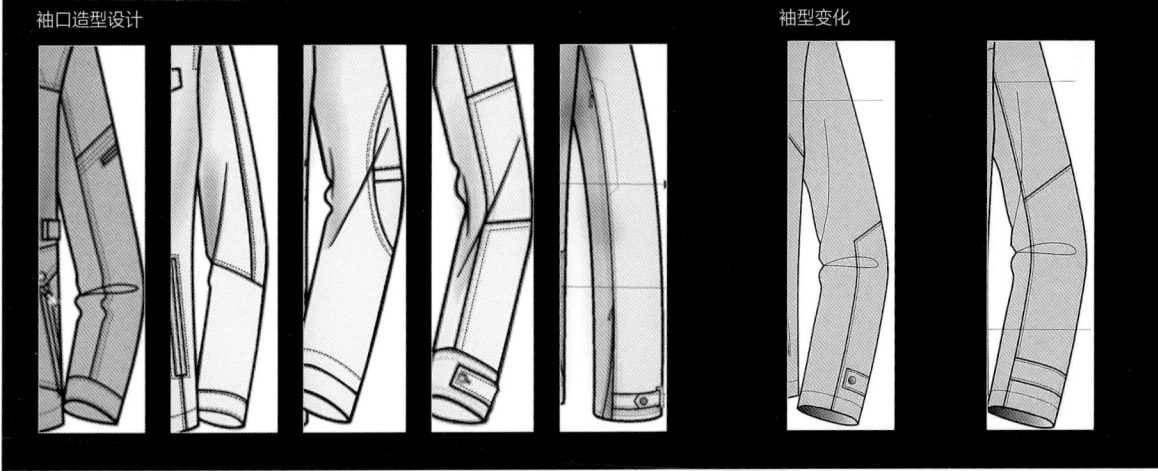

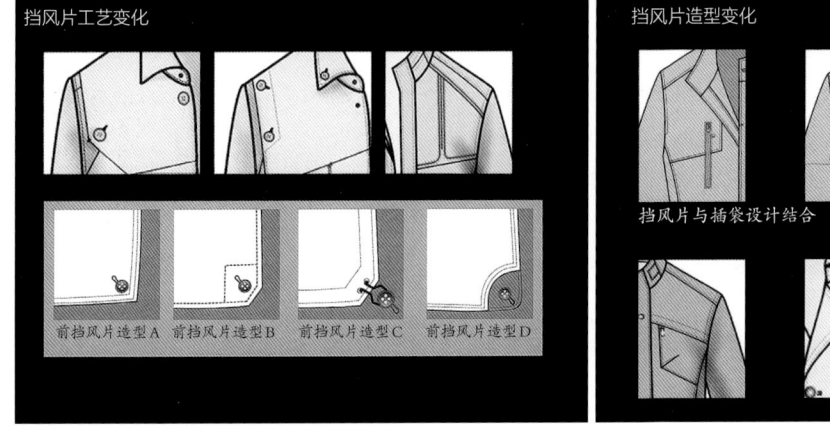

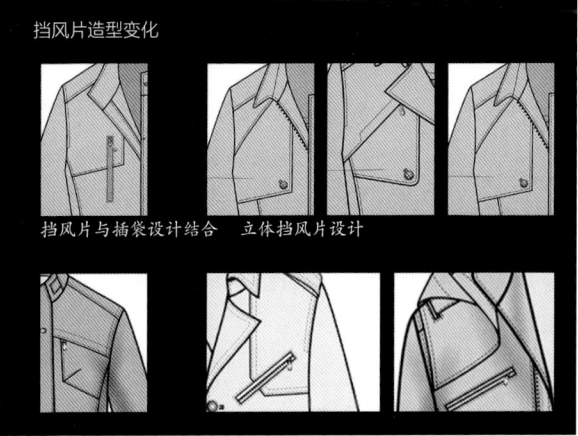

斜插袋与下摆的搭配方式（二）

前贴袋造型变化

立体袋造型变化　　贴袋分割设计变化　　贴袋与挖袋双袋设计

袖口造型变化

可调节功能性扣袢袖口

可调节功能性半松紧袖口

袖口造型设计

袖型变化

挡风片工艺变化

前挡风片造型A　前挡风片造型B　前挡风片造型C　前挡风片造型D

挡风片造型变化

挡风片与插袋设计结合　　立体挡风片设计

图2-30　下摆、前贴袋、袖口、袖型、挡风片的设计

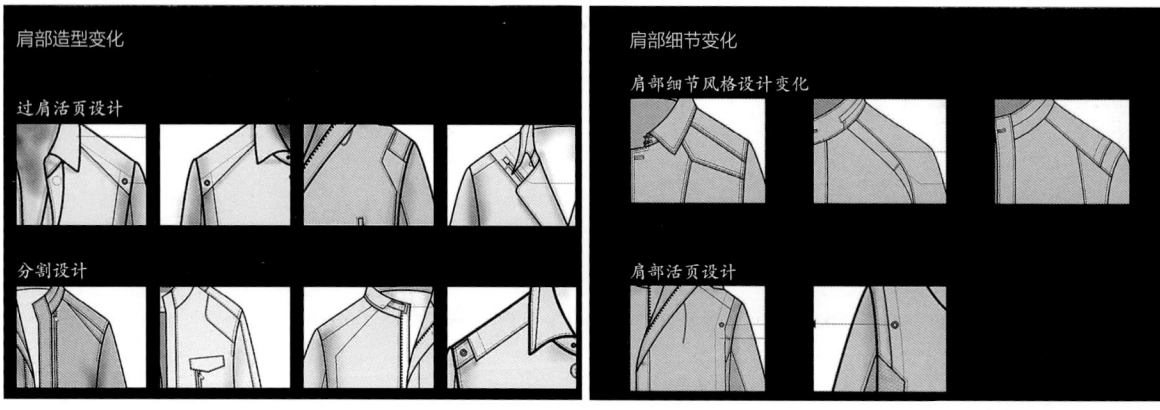

图 2-31　男装款式的肩部设计

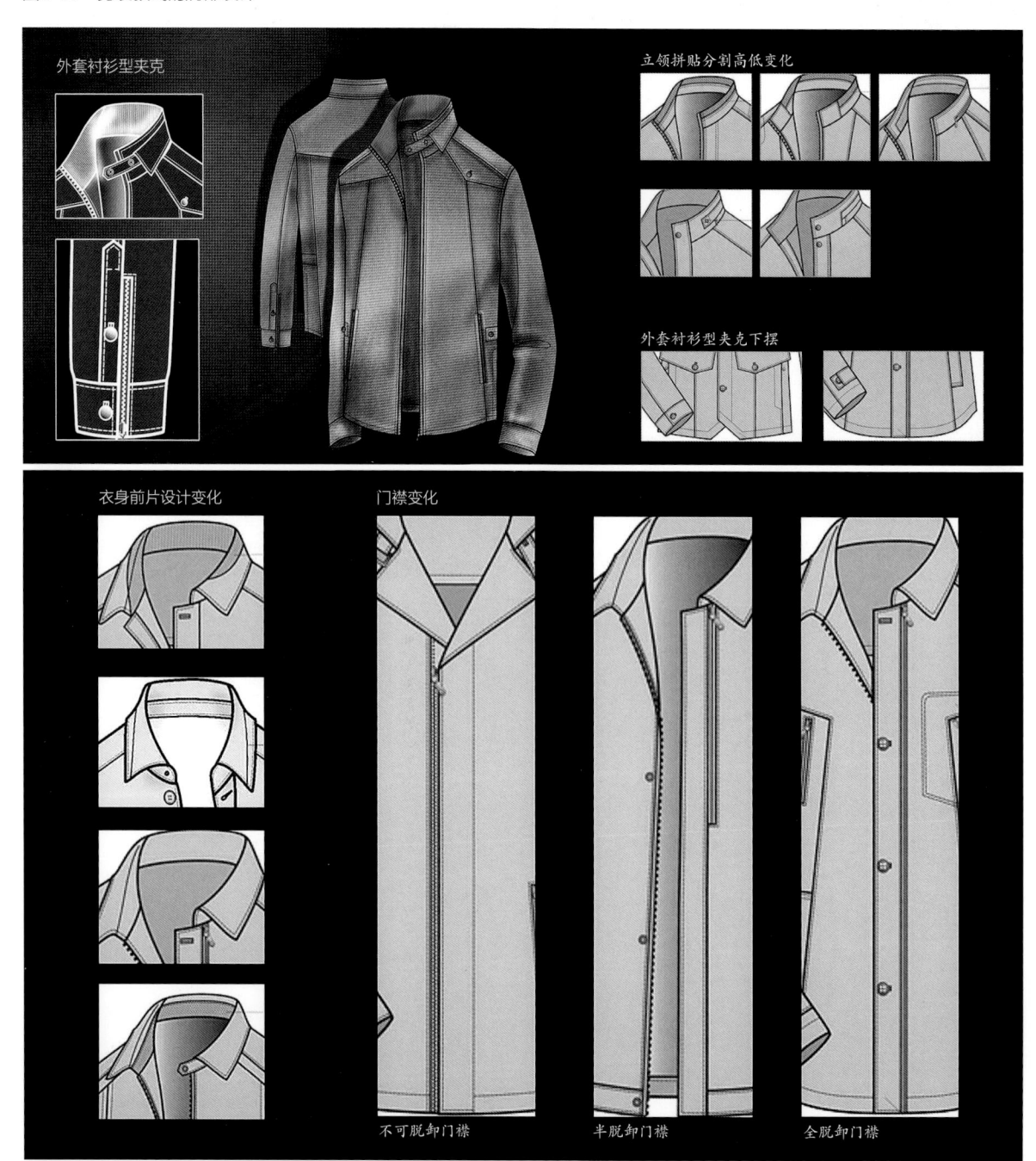

图 2-32　男装衬衫型夹克设计细节范例 1

衣身前片设计变化

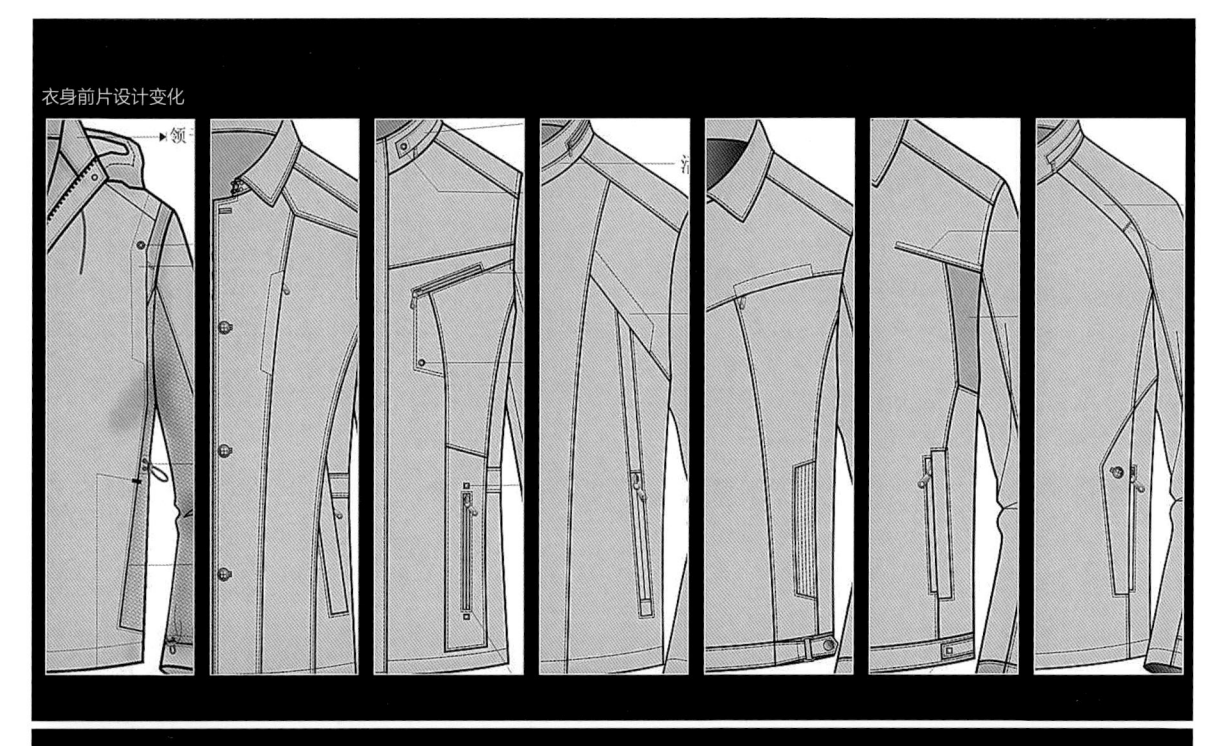

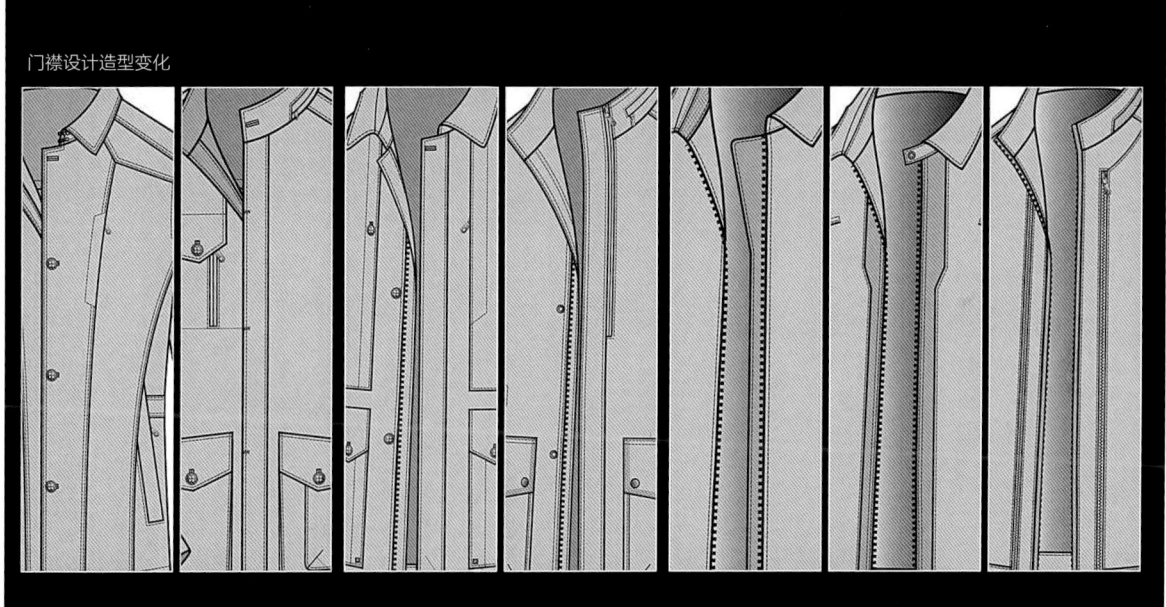

门襟设计造型变化

图2-33 男装衬衫型夹克设计细节范例2

课后练习

1. 根据流行趋势，设计女装领子、门襟、口袋、袖子各三款。
2. 根据流行趋势，设计一款男装衬衫型夹克。

第三节 时装的系列设计拓展

时装的拓展设计，从个人来说需要一组服装的配套穿着方式的设计；从时装产品设计来说，通常是每季在一个系列中进行拓展。以中心款式为核心，通过造型、色彩、材料及并置重组推演而成的系列，还包括内外装、上下装搭配的系列设计。大师品牌和较高端的时装品牌还常常设计包、鞋、帽、围巾、腰带、首饰等，甚至扩展到日常生活用品、行政办公用品。当然，也有设计师用辅以空间设计的方式阐明设计理念，以推出新的时装作品，阐释着装对象的生活方式、生活空间，以期打动消费者芳心，获得设计的成功。

一、案例解读——某时装品牌的拓展系列设计

（一）搭配核心单品的系列设计

我们以某时装品牌春夏新款外套——铆钉休闲西装为核心单品进行说明。下装的系列设计，其一为白色破洞单宁裤，其二为白色牛仔短裙，分别对应裤装和裙装（图2-34）。

上衣的系列设计，其一为皱褶下摆上衣，有三种颜色可供选择（图2-35），其二为女孩图案T恤（图2-36）。

鞋、包的搭配设计和其他可选的配饰如下（图2-37、图2-38）。

按照以上搭配，赭石色铆钉休闲西装可混搭设计至少8套着装方式，加上鞋、包和配饰的搭配，可以延伸出一系列拓展设计。

（二）基本款的系列设计

另外，也可从某一类型的单品发展色彩系列，通常这类款式是该品牌的基本款。如飒拉（ZARA）、优衣库等品牌的针织衫T恤基本款，有多种颜色可供选择（图2-39、图2-40）。

铆钉休闲西装

白色破洞单宁裤　　　　　　白色牛仔短裙

图2-34　核心单品及下装系列设计

图2-35 皱褶下摆上衣

图2-36 女孩图案T恤

图2-37 鞋、包的搭配设计

图2-38 配饰

图2-39 飒拉的一组粉彩系列，是作为年轻女性春夏外套的百搭针织衫

女装V领长袖针织衫　　女装条纹V领　　V领长袖针织衫　　女装棉质宽松短T恤

图2-40 优衣库2024春季系列（设计师合作款）

（三）核心款的配套设计

以下为飒拉一组亚麻材质的裤套装，相同款式，不同颜色、不同内搭的拓展系列（图2-41至图2-45）。

图2-40左边款浅驼外套可搭配图2-41的两款长裙，浅驼长裤也可搭配图2-41中裙装的上衣，可搭配的包与鞋，如图2-42所示。

图2-40右边款深蓝色套装，可内搭图2-41右边全棉白色下摆钩针编织上衣，深蓝色外套可配图2-43中的各款裤子、裙子。

图2-41中的深蓝色亚麻套装与图2-44中各款拓展系列服装可搭配的包与鞋，如图2-45所示。

二、目标市场与系列设计

系列设计可以针对各种不同的目标市场。对每一个目标市场来说，重要的是知晓消费者是谁。一方面要了解目标消费者的生活方式及工作、生活环境；另一方面一定要充分熟悉市场，包括竞争对手的市场情况、流行趋势，以及消费

图2-41　飒拉亚麻材质裤套装

图2-42　服装搭配参考1

图2-43　服装搭配参考2

图2-44　鞋包搭配参考1

图2-45　鞋包搭配参考2

者的审美变化等，这些都是设计团队要做的功课，这样才能准确地把握系列设计以及拓展设计的思路。

一般来讲，不同的目标市场，如高级定制、设计师品牌、大众品牌时装、大众成衣市场以及国际上的高级时装、高级成衣、奢侈品牌等，进行系列拓展设计的要点、过程均有不同。

大众品牌时装、大众成衣市场的设计会保持一些基本款和核心品类。基本款的造型变化不大，主要在色彩及材料方面随流行趋势和纺织科技的发展有所调整和丰富，如飒拉的针织衫基本款，还有优衣库的各类成衣、UR（URBAN REVIVO）时装等，其核心品类会随着不同季节而演变。尽管这种商品开发的策略主要以关注时尚为特色，但这一类设计并非"引领式设计"，其主要特点是"紧跟时尚"，新产品设计数量较大，上市周期较短，有多波段的系列产品投放市场。

对于拥有设计团队的时装公司来说，设计师们将会从拓展一个新系列开始，无论是上一个系列中成功的单品还是每个季节都会有的核心单品，在保持风格前提下的设计元素都是贯通的。

设计一个服装系列需要经过一系列的流程，大致可以归纳如下。

（一）研究和分析

研究时尚趋势和市场需求，了解当前流行的服装风格和消费者喜好。分析目标受众群体的特点，包括年龄、性别、地域、文化等，以确定设计方向。

（二）创意发展

进行创意头脑风暴，收集灵感和构思，形成初步的设计概念。利用手绘、草图、数字设计软件等工具，将创意转化为可视化的设计图稿。

（三）面料和材质选择

研究不同面料和材质的特性，包括质地、弹性、透气性等，以及它们在设计中的应用。选择适合设计概念和目标受众的面料和材质，考虑其可行性和可获得性。

（四）打样试衣

确定结构设计和缝制工艺，完善设计细节。

（五）系列搭配和配比

将设计的服装进行系列搭配，考虑不同款式、颜色和图案的组合，以创造多样性和丰富性。确保整个系列的视觉统一性和流畅性，使该服装品牌的每个设计都能与其他设计相互呼应。

经验提示：系列拓展的技巧

调研是系列设计的基础，当你对系列设计进行继续拓展时，需要足够的调研素材来支撑完成。

将面料在人台上进行立体裁剪，是拓展款式和廓型的常用办法。

鞋类、手袋、服饰配件可以创造出时尚和影响力，作为品牌服装的基本款和核心品类的时尚风貌拓展补充。

知识链接：搭配设计

搭配设计又称为品类组构，指品类组合构成，是品牌时装企业在商品企划中的一个重要环节，其重点在于确定每个品类款型的数量，同时设计确定不同品类服装的构成比例。通过品类组合，可以形成服装的整体搭配风貌。

三、品类组合构成

品类组合构成对于同一个品牌内不同线路的产品来说，可以用色彩表达不同的内涵，而形成这个系列的总体印象，这些品类可以代表这个系列的精髓（图2-46）。

图2-47为某品牌春夏品类组构。包含18套服装组成的系列，以黄色为主色调，有连衣裙、单裙、长裤、短裤、单色、印花、条纹T恤、格纹衬衣和针织衫共30款，搭配不同的包、腰带、首饰，形成年轻、动感、时尚的整体风貌。

通过品牌的商品企划，针对品牌定位、目标人群、品牌策略、价格策略、渠道策略等，进行品类组合构成，如优衣库（图2-48）。该品牌专注于产品品质，去标签、无龄化，从色彩、面料、版式设计各方面组构产品；紧跟潮流，打造联名爆品，凭借AIRism、HEATTECH等"黑科技"俘获人心，树立科技服装的品牌形象，让消费者惊艳于服装的进化力量。

图2-46 意大利品牌贝纳通时装品类组构

图2-47 某品牌春夏品类组构

项目二 系列设计拓展

053

图2-48　优衣库2024春季设计师合作款的品类组构

思考题

浏览知名服装品牌的基本款及组合搭配款，查阅相关设计师访谈，思考拓展系列设计的创意设计方法。

岗位实训

1.选定某时装品牌，进行系列设计拓展。作品要应用流行元素，男女装不限，并用文字说明设计思路。作业规格要求为A3大小，彩色；须将电子版发送至指定邮箱。

2.进行岗位实训，完成一组新休闲装拓展系列设计。在此过程中训练应用造型元素、色彩元素、材料元素设计的技能。

3.完成实训评价。填写下方的岗位实训简表、指导教师评价、自我分析与总结。

岗位实训

实训项目	拓展系列设计					
实训目的	掌握服装系列设计方法。					
项目要求	选做		必做	是否分组	每组人数	
实训时间				实训学时	学分	
实训地点				实训形式		
实训内容	1.应用造型元素、色彩元素、材料元素设计一组时装系列（重点选一种）。 2.应用拓展系列设计的其他手法设计一组时装系列。					
实训工具	手绘：马克笔、彩铅等 电子：iPad或电脑					
学生 实训日志						
教师评价						

学生自我分析与总结

存在的主要问题：	收获与总结：

实训后反思：

项目三
服装分类设计

本项目重点：职业装、休闲装的设计方法
本项目难点：不同类型的服装设计要点
授课形式：理论与实践一体，讲、学、练相结合
建议学时：8学时 + 专周实训

第一节　职业装设计

一、职业装概念解析

（一）何为职业装

职业装，简言之是社团或行业成员在特定社会环境中从业或工作时，为了整体形象表达或满足安全防护需要穿着的服装的总称。

作为现代服装的重要组成部分，职业装是为参与社会不同工作的人而设计的，具有专属的职业特征，既能用于表明职业特性，又能用于工作，体现了保护性和标示性的作用。

（二）职业装的类别

根据其功用，职业装可分为以下三大类。

第一类为职业标识类服装。如军队武警、公安、消防救援、海关、司法等军事化或半军事化、准纪律部队的制式服装（图3-1至图3-4），市场监管、生态环保、交通运输、农业、应急管理等行政执法单位的制式服装，以及邮政、通讯、民航等公共服务行业的制式服装，也包括各类校服。

第二类为劳动保护类服装。这是从业者在特殊行业、特殊岗位或特定环境下作业，为了工作便利或起到保护作用而穿的服装，如军用作战服（图3-5）、特警战训服、水手服、防化服、潜水

图3-2　武警国旗护卫队礼宾服

图3-1　抗战胜利70周年阅兵式上武警方队穿着的执勤服

图3-3　警察礼服　　　图3-4　海关关员常服

图3-5 解放军迷彩服　　图3-6 液密型防化服　　图3-7 防火防化服

服等专用防护服。各类民用行业或工矿企业的专用防护服装，如各类化学防护服、防电弧服、防静电服，以及精密电子产品制造行业的防尘服等，均属于此类（图3-6至图3-9）。此类服装与第一类服装一样具有强制着装的要求属性，强调个体服从团体、个性服从共性、标准化替代差异化。

第三类为职场形象类服装。该类服装属于个性化职业风格着装范畴（图3-10），强调着装者个体形象的表达和精神面貌的与众不同，因此在产品设计中须重点关注着装者自身的相貌气质、职场角色、审美偏好以及消费水平等因素的影响，以最终获得着装者青睐为目标。

综上所述，职业装至少具有以下几方面的表征属性和功能：标识（行业、职业、所属团体）、识别（职能、工种、身份、岗位、等级）、防护（基本生理安全、常规工况安全、特殊伤害预防或减轻、个体和群体战斗力提升）、象征（企业

图3-8 高压屏蔽服

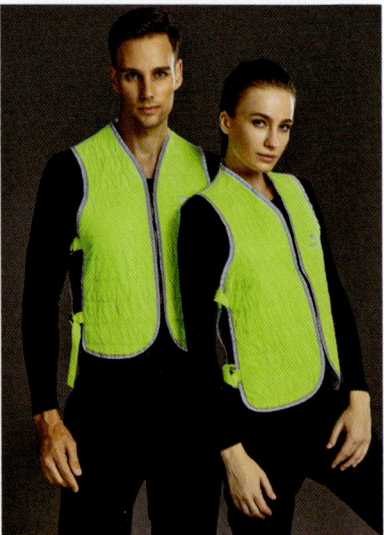

图3-9 其他劳动保护类服装

图3-10 各种职场形象类服装

文化、团队理念、成员荣誉感和凝聚力、专业水准）、审美（着装风格喜好、职业形象塑造、体型缺陷弥补）等。

（三）职业装设计的基本特征

职业装具有专用性、标志性、实用性和审美性等特性，各类产品设计必须要以服务于所对应行业的职业身份、防护要求和穿用场合为目标展开。好的职业装产品应具备明确的识别性、完善的功能性、生产制造标准性以及同一集团群体的形象一致性等特质。

可见，与时装设计不同，职业装设计以满足特定职业群体的需求为目标和特色，最终应实现以下六点：第一，表明着装者职业身份、所属行业或团体；第二，表征着装者岗位职能和职位层级；第三，适应着装者工作环境的管理要求；第四，提供着装者劳动、作业时所需的安全防护；第五，顺应着装者所属团体或单位的文化理念；第六，彰显着装者所属群体的职业荣誉感和价值观等一系列与职业属性和使用功能相关的内容。

职业装设计，应始终围绕穿着该服装所处的特定场景，去展开包括需求论证、目标确立、路径设计以及手段筛选、工艺实现、应用验证在内的全环节构建流程。其基本工作原理，就是要构建一套或一系列"某些特定人群穿着的、具有某些特定功能属性的服装，在某些特定场景下从事某项工作活动"的适宜的服装。

二、怎样做职业装设计

服装是一种产品，而产品设计的目的是为了满足人们在生存与发展过程中的多重需要，其中包括社会的、经济的、技术的、审美的和情感的需要。由于这些需要之间存在着一定的矛盾性和对立性，所以，设计的任务就是要合理地去解决或协调这些关系，以达到满足各方面需要的目的。

无论是时装设计还是职业装设计，都不是绘制出一幅或一系列漂亮的效果图那么简单。服装设计绝不仅仅是艺术表达和视觉传达，更不只是在纸面上"画小人"，所有的设计活动都是为满足用户需求提供的完整解决方案。现代的服装设计是为服务对象提供一种产品或商品设计。现代服装产品的使用价值不仅包括使用功能，而且包括精神方面的认知功能和审美功能。

任何一个成功的职业装设计项目，都是一个产品从无到有的系统工程，都遵循科研项目的基本运行规律，必须经历从问题提出或概念发起到最终方案实现、完成交付的完整项目建设过程。

（一）职业装设计的项目逻辑

每个设计研发项目，从项目管理与运行效益角度看，都需要闭环。一个完整的职业装设计研发项目，必须经过"问题提出（为谁设计）—需求调研（设计什么）—可行性分析（是否可行）—预期成果确定（最终目标）—技术路线论证（怎样实现）—方案实施（着手设计）—结果验证（是否达标）—结题"这样一个完整过程。项目实施线路的合理规划与每个环节的充分落实，是整个项目顺利开展并高质量完成的必要保证。

职业装设计项目的运行逻辑，可以简单直白地用几个关键词来概括：为什么、要什么、有（或缺）什么、补什么、怎么补、是否解决（图3-11）。每个关键节点要素，决定了每个项目阶段的工作目标、工作内容和考核标准，最终整个

图3-11 职业装设计项目运行逻辑

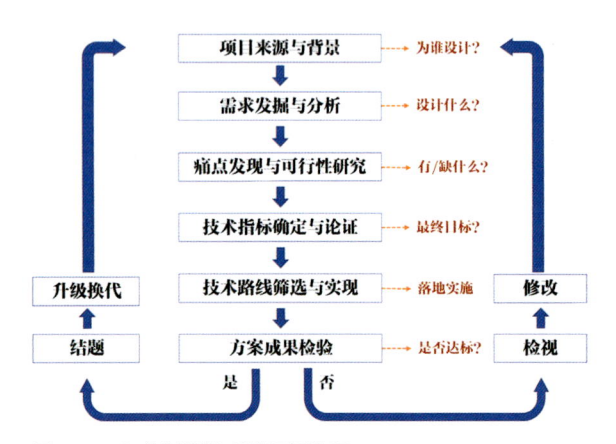

图3-12 职业装设计项目运行流程

项目运行流程将形成一个完整闭环，而其中每个阶段的细分工作也同样遵循这个规律展开执行而形成一个个阶段性的小闭环，最终完成整个项目建设，直至下次设计活动开始，或升级迭代，或颠覆重来，无论项目大小或品种多少，都会又重新进入下一个项目闭环。

（二）职业装设计的项目流程

简单归纳，职业装设计项目的实施可以按照图中所示流程展开（图3-12）。

无论是包含多个产品在内、需体系化建设的复杂项目整体，还是其中的设计子项，每个产品的设计与实现都符合上述规律。

（三）职业装设计的主要内容和方法

1. 职业装设计的内容

职业装设计包括以下两个阶段的内容。

第一个阶段是创意发生阶段。必须明确的一个原则是：设计是为解决客户的问题而做的，必须以满足客户需求、解决客户问题为标准，而不是以设计师的个人偏好为尺度（当然一定会融入设计师的审美趣味和专业技能）。成功的设计不一定是最好的，但一定是需求方最认可和接受的。因此，需求分析是一切创意的源头和根据，是项目得以顺利开展的保证。

由此，问题一经提出，设计师首先要做的，就是全面了解客户的需求和背景。第一，明确该职业装产品的需求对象，这里又包括"谁要"和"谁穿"两个维度。很多时候，这二者并不统一，因此后续的设计活动要如何开展实施，以及对最终结果的预期，是需要兼顾各方面要求的。第二，明确该职业装产品的需求目标，包括在哪儿穿、干什么穿、什么条件下穿、有什么要求、希望达到什么目的、预算多少、什么时候交付等，涉及需求方人力、财力、物力各个方面，这些都是指导设计活动展开的依据，也是最终能否圆满交付、顺利结题的关键。

带着以上一系列问题展开广泛、充分的调研，全面、深入地分析，才能准确判断、解读客户的诉求，由此才能"按需设定目标—厘清设计思路—选对设计方向—用对设计手段"。有了这个基础，才能避免思维分散、方向跑偏、思路畸形、方法错误甚至最终导致结果失败。

需求调研可采取实地考察和线上调研两种形式，前者具体包括座谈研讨、现场勘察、采访问答、实地拍摄等手段，后者可借助远程会议、问卷征集、后台数据采集等方式实施。

第二个阶段是创意表达阶段，这里又包括平面表达和立体展现两个层次。

平面表达，包括"创意提炼（品类划分、品种确定、体系搭建、功能定位）—概念表现（廓型写意、色彩选择）—效果表达（效果图绘制、风格定位）—质感渲染（材质筛选、肌理表现）—形制表现（设计语言遴选、正确使用）—产品建构（内外结构设计、制作工艺设计）—成型效果呈现"。至此，设计创意已经完成了从无到有、从概念到图形、从全貌到局部的递进表达，为下一步实施奠定了基础，也对未来产品形态提供了可视化预览。

立体展现，又称三维模拟。这个步骤，可采用三维模拟仿真等手段构建虚拟效果，也可通过立体裁剪、模型搭建等手段初步予以呈现。立体展现的目的是提前对产品效果有比较真实的预见，也有助于预判设计构思是否适宜。然而这一步工作比较费时费力，同时需要跨专业知识融合运用，很多时候并不一定采用，而取决于项目需要。

无论平面表达还是立体展现，实际应用中都不能脱离整个产品相关的各方因素，而必须进行系统考虑，如拟采用的主辅材料颜色质感、服装的配套穿用方式、版型结构和局部构造、加工手段成型工艺、最终的使用方式和效果等。以上这些要素，都需要在创意表达中予以体现。

2.职业装设计的方法

接下来是设计方案实施阶段。如前所述，设计是针对客户需求提出的一揽子解决方案。不能成为现实的设计只是纸上谈兵、空中楼阁，不够实用的设计更是浪费资源甚至欺骗客户。设计是贯穿产品实现和应用始终的创造活动；设计方案的实施是将精心制定的纸面方案变成现实产品的实操过程，也就是前面我们所说的项目运行流程中，有关技术路线筛选与实现的环节。职业装设计的实施方法主要包括以下五个方面。

第一，对需要采用的关键技术进行研发和筛选，包括对原有技术的合理采用、升级改造、局部或完全创新。设计方案中不同的产品可能需要采用不同的技术，技术的正确应用，是设计方案中有关产品功能实现的必要条件。

第二，对必备关键材料进行研制和遴选，包括直接采用、选型改进和原创设计制造等多种途径。须重点考核的是材料的各种外观、物理和化学性能，这些是确保最终产品达成预设功能的根基。

第三，产品成型工艺的设计和加工设备改造，以及未来工业化、规模化生产所需的工艺设备条件，无论是采用行业既有的，还是必须通过革新创造才能确保产品性能实现的，都需要实时对照设计方案逐项落实。

第四，必须进行的各种检测实验，包括各种主辅材料的遴选，除了外观颜色和手感，还必须通过理化指标对其使用性能做出判断和筛选，而这些都离不开检测数据的支撑。除了行业内既有和公认的检测手段，很可能还需要对一些新材料、新技术同步研发新的检测方法和实验条件。

第五，在整个设计方案实施的过程中，将所产生的各种相关技术文件，包括款式图、样板图纸、号型规格、各种工艺文件以及检测报告等汇总归集在一起，逐步形成与设计方案相应的标准化文件。这一做法的意义在于，以实物资料的形式，将该职业装的产品制造方法和品控的标准化过程予以固定，确保该产品设计方案在其使用周期内可持续复制且性能一致。

3.职业装设计方案验证

一个设计方案的好坏成败，不以某个单项指标的优劣为判断标准——既不能只看外形有多美观，也不能单评材质有多高档，又或夸张功能有多丰富，再或性能有多超强，甚或价格有多低廉、宣传有多热闹、别人有多喜欢等。一个职业装设计方案的优劣，是综合的系统评价结果，并非所有因素都做到最强、最高或是最好，而应以"最贴合、最适宜、恰到好处"为标准，而这一标准，并不是不可量化、难以操作的。

在整个设计方案实现的过程中，各项预期指标须经过反复实验加以完善，每一轮产品成型后都应进行验证，对所发现的问题修正归零，再进一步确定新的指标。其中，各项预设指标是需要综合考量、科学权衡、合理取舍的，最终产品应以"总体实现、系统协调、均衡兼顾"为目标。为确保刚需指标的实现，其他相对次要的指标就必须做出让步和妥协，使最终方案成为客户可接受的最优解，确保项目圆满验收。

三、案例解析

（一）职业标识类服装

航空公司空乘人员的服装是最具符号性的职

业标识类服装之一,"它以特殊的造型、考究的配色以及与着装者的完美搭配,构成了一种主体精神气质,一种整体的美和职业的美"。作为航空公司展现其企业形象和服务品质的重要手段,空乘制服的不断发展进步,也体现了一个国家经济发展的水平、公众审美意识的提高和民族文化的影响力。

中国国际航空公司的空乘制服是中国现代航空业进入改革开放新时代后的代表作,其女乘务员制服造型端庄典雅,既现代、时尚,又不失中华之礼仪(图3-13)。

该系列制服色彩源于中国明瓷中的霁红与青花,又与该公司标志(Logo)色相呼应(图3-14),具有强烈而鲜明的中国文化特色,配以白色衬衣和红蓝纹样的丝巾,整体协调、过渡自然,充分体现东方女性美,传递出国际化和民族性的多元化信息。服装款式和造型设计中西合璧,既注重将立领、盘扣等中式元素融入款式细节,又周到考虑空乘服务动作的人体工学特质,在尺寸和结构设计方面注意裙长不宜太短、开衩不宜过高、袖口活褶方便动作、衬衣下摆固定防止抬臂露腰等局部功能性细节,整体造型简约合体、利落大方;面料选用高比例羊毛精纺呢绒,质地细腻,手感柔和,该公司标志中的提花图案

图3-13 中国国际航空公司女乘务员制服

与帽徽、胸标、纽扣等服饰中的符号元素彼此呼应、统一协调。诸多功能性细节的精心设计和成功运用,使其成为航空界制服的经典之作。

2019年,山东航空全新发布的乘务员制服(图3-15)成功地将中华汉服的经典款式语言——右衽交领引入直身衣裙,结合西式修身结构,形成了极具国风特色的职业裙装。该系列款式为修身的连衣裙,下身为裙长过膝的一步裙样式,造型合体优美、简洁大方。为便于行动,下摆开衩处巧妙地设计了风琴褶结构,有效地将时尚性与实用性有机结合(图3-16);袖长按季节

图3-14 中国国际航空公司标识

图3-15 2019年山东航空发布的乘务员制服

分为五分袖和七分袖两种，红色、蓝色两种腰线设计，与交领镶边交相辉映，用以区别空乘职级。腰部装饰是整套服装的亮点，其灵感源于泰山峰峦的抽象形状，色彩渐变借鉴了水墨山水的手法，既古风又现代，同时还带来提高腰线、拉长身形的视觉效果。服装主色调设计为黛青色，契合"齐鲁青未了"的中式传统文化意境，与该公司标志的深群青色形成系列（图3-17），含灰的色调柔和克制，兼具国际风。

图3-16　裙装下摆的风琴褶结构

图3-17　山东航空公司标识

（二）职场形象类服装

与职业标识类服装和劳动保护类服装相比，职场形象类服装属于更个性化、追求新颖时尚、具有与众不同设计感的成衣。囿于现代商业社会职场默认规则的限制，这类服装力求营造的形象风格主要调性还是表现为正式、节制、守规则，所以其基本形制通常以西服套装为主，服装单品的款式语言相对比较固定，设计重点在于领型、肩型、腰身以及口袋样式、局部装饰等细节变化，注重面料色彩与肌理质感的变化与搭配，以及造型工艺和手段的运用（图3-18、图3-19）。

图3-18　西服套装

图3-19　西服与裙装搭配

这类服装设计的具体内容和方法论与时装设计是通用的，但其设计语言往往是程式化的，必须基于行业既定默认的、具有强指向性的范式进行变化，例如小香风（图3-20）、新国风（图3-21）的职业装，其造型风格已被贴上鲜明的品牌特质、民族特色或符号性标签，留给设计师的空间主要聚焦于面料质感、纹样、色彩的搭配组合，以及装饰手法和细节工艺的运用，同时结合妆容、配饰、发型等系列设计，综合打造吸睛的形象和着装氛围。

图3-20　小香风职业装

图3-21　新国风职业装

思考题

参考图片，从文化元素、设计要点、设计理念等方面分析成都航空2015年推出的乘务员制服（图3-22）。

图3-22　成都航空乘务员制服

本节练习

1. 岗位实训

结合企业真实案例，设计制作电力行业电气操作工作服或其他类型的劳动保护服。

2. 专题训练

进行模拟设计，创新一组成都航空男女空乘服。作业要求以设计提案的形式提交，彩色快印，规格为A4或A3，装订成册，并提交电子文件。

岗位实训

实训项目	职业服装系列设计——电力行业电气操作工作服					
实训目的	1. 了解该岗位工作的职业特点。 2. 调研分析该职业从业人员的工作环境、作业场景和防护要求及特点，厘清用户需求，为科学实现该职业装的功能提供依据。					
项目要求	选做		必做		是否分组		每组人数	
实训时间			实训学时		学分	
实训地点			实训形式			
实训内容	1. 走访调研并拍摄电气作业场景。 2. 进行座谈、问卷调查等，了解从业人员对工作服的需求和期待。 3. 构思、设计系列方案，图文并茂地进行展现。					
实训工具	1. 手绘：马克笔、彩色铅笔等。 2. 电子：iPad或电脑。					
学生 实训日志						
教师评价						
企业评价						

自我分析与总结

存在的主要问题：	收获与总结：

改进、提高的情况：

第二节 休闲装设计

一、休闲装概念解析

（一）休闲装定义

休闲，英文为"Casual"，该词在时装上覆盖的范围很广。休闲装，可指日常穿着的便装、运动装、家居装，也指将正装稍作改进的"休闲风格的时装"。它是人们在无拘无束、自由自在的休闲生活中穿着的服装，有着简洁自然的风貌。

休闲装产生于20世纪70年代，是人们在闲暇生活中从事各种活动所穿用的服装。重视生活

图3-23 牛仔休闲装

图3-24 针织衫

图3-25 运动类休闲装

质量、强调休闲生活重要性的价值观导致了休闲服的流行。典型的休闲装有家居装、牛仔装（图3-23）、运动装、沙滩装、夹克衫、针织衫（图3-24）、格子绒布衬衫、灯芯绒裤、T恤衫等。男式西服也可以做成休闲装。其实除去一些重大、正规的社交场合要求的服装外，其余服装都可以归为休闲装。

由于休闲装概念广泛、内涵丰富，已被演绎成诸多风格、种类的日常装，如青春风格的休闲装、针织类休闲便装、典雅型男士休闲装、运动类休闲装等。其中运动类休闲装（图3-25）是将运动装进行改良而成的休闲装，这体现了人类对运动和自身价值的新观念。总之，休闲装已成为现代都市生活的典型装扮，在现代生活中受到人们的广泛重视和喜爱。

（二）休闲装风格

休闲服装的风格一般可以分为前卫休闲、运动休闲、浪漫休闲、古典休闲、民俗休闲和乡村休闲等。

前卫休闲装：运用新型质地的面料，风格偏向未来型，比如用闪光面料制作的太空衫，展现了人们对未来穿着的想象（图3-26）。

运动休闲装：具有明显的功能作用，以便在休闲运动中能够舒展自如，它以良好的自由度、功能性和运动感赢得了大众的青睐，如全棉T恤、涤棉套衫以及运动鞋等（图3-27）。

浪漫休闲装：以柔和圆顺的线条、变化丰富的浅淡色调、宽宽松松的超大形象，营造出一种浪漫的氛围和休闲的格调（图3-28）。

古典休闲装：构思简洁单纯，效果典雅端庄，强调面料的质地和精良的剪裁，显示出一种古典的美（图3-29）。

民俗休闲装：巧妙地运用民俗图案和蜡染、扎染、泼染等工艺，具有浓郁的民俗风味（图3-30）。

乡村休闲装：讲究自然、自由、自在的风

图3-26 前卫休闲装

图3-27 运动休闲装

图3-28 浪漫休闲装

图3-29 古典休闲装

图3-30 民俗休闲装

图3-31 乡村休闲装

格,服装造型随意、舒适,多使用手感粗犷而自然的材料,如麻、棉、皮革等制作服装,是人们返璞归真、崇尚自然的真情流露(图3-31)。

此外,还有青春风格休闲装,通常设计新颖、造型简洁,有粗犷的形象,可塑造强烈的个性;典雅型休闲装,追求绅士般的悠闲生活情趣，服饰轻松、高雅，富有情趣；牛仔类休闲装是20世纪的奇迹，原是美国西部的工人装，现已成为世界第一流行装，而且追求洗旧感、二手感，牛仔服是休闲装中的主力之一；针织休闲装也愈来愈成为人们日常生活必不可少的便装，无论是棉针线还是手针线，针线工艺的特点决定了其休闲的性质。

（三）休闲装特征

休闲装的设计强调随意、不拘一格的气度，自然和个性的表露，要求时尚感与舒适性、穿搭随意性兼备，能够体现人的自然体态。其设计理念是"休闲并非是另一种生活方式，而是人们对久违了的自由舒适的向往"（图3-32）。

图3-32 休闲装品牌中国李宁

知识链接："中国李宁"

"中国李宁"自诞生以来，在运动基因的传承中，以我为名，大胆畅想，敢破敢立，将中国文化底蕴、运动精神以及创意潮流元素向世界舞台展示。2018年9月的秋冬纽约时装周，中国李宁的"悟道"登陆秀场，一夜之间让李宁品牌站在了"国潮"的聚光灯下，向世界展示李宁的原创设计、先锋态度和运动潮流影响力，成为中国文化输出的代表。

2024年7月中旬，中国李宁推出"舫"（chuàng）设计师平台，首次落地三组新锐设计力量作品。设计师丁洁、设计师时装品牌上秀蕙和KEH FORME，以中国李宁现有产品系列为基础，从运动视角出发，完成各自的焕新设计。

中国李宁产品总经理徐衍方在"舫"设计师论坛现场说："中国李宁是李宁品牌在运动潮流

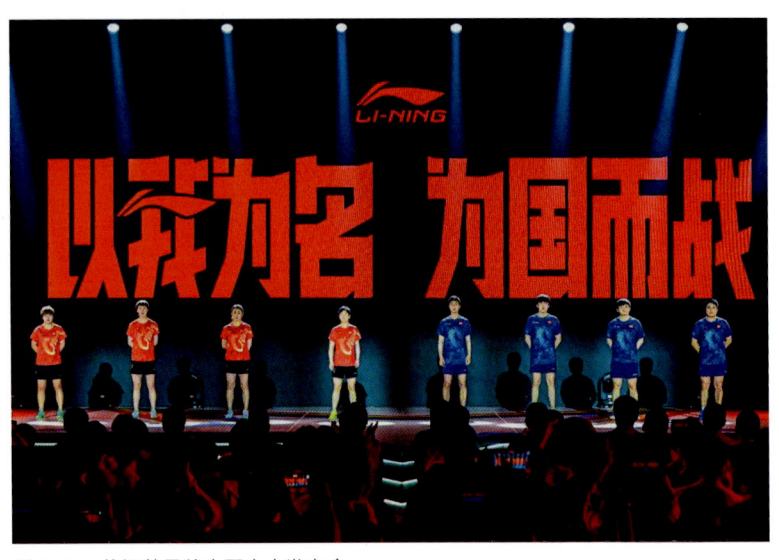

图3-33 休闲装品牌中国李宁发布会

领域可延展、可持续发展的具象化体现，也是李宁品牌的差异化能力和态度。"

在30多年的发展过程中，李宁公司形成了"单品牌、多品类、多渠道"的发展策略，聚焦跑步、篮球、运动生活、健身和羽毛球五大主要品类，积极优化线上线下渠道建设，围绕产品体验、运动体验和购买体验提升品牌价值，与消费者建立连接，真正融入体育运动和健身人群，实现品牌价值全方位提升。

二、休闲装设计的主要内容及方法

在休闲装的研发设计过程中，设计师通常会通过专业流行趋势机构获取流行资讯，来确保自身产品研发的流行准确度。面对日益加速的服装研发进度和愈发激烈的市场竞争，在巨大信息量的流行趋势中，可以通过将休闲装流行元素有效分级，从而提取对设计有用的流行信息，并将其准确、有效地运用于新产品、新系列的研发设计中，提高休闲装产品设计的生产效率（表3-1）。

（一）休闲装设计流程

休闲装设计流程是从各种信息资源和顾客需求调研开始，经产品设计构思、产品样品制作，取得市场信息反馈，最终获得产品定型，其中包括穿插在整个过程中的沟通、调整与决策环节。

（二）休闲装设计的设计主题

休闲装是时代的镜子，好的休闲装能反映时代特征，能契合特定时代人们的某种心理需求。灵感表达了时代精神，反映了社会变化。为了寻找灵感，设计者必须时刻注意观察他人，并捕捉社会中发生的细微的、逐渐变化的审美趋势。创造性的关键是：将各种因素记录下来并对它们进行分析与综合，然后将这些灵感和日益增长的关于面料、时装细节及目标市场的知识联系起来，为设计奠定基础。

表3-1 休闲装流行元素的分级

元素	一级（性质元素）	二级（形态元素）	三级（量态元素）
款式、廓型	衣长、肩宽、下摆等	X型、H型、A型、Y型、T型等	服装外轮廓尺寸
色彩	红、绿、黄、蓝等	色相、明度、纯度	潘通色号
面料	棉、麻、丝、毛、化纤等	软硬、厚薄、透气性等	各面料成分百分比构成
细节	领子、袖子、口袋等	方领、圆领、装袖、连袖等	具体细节尺寸

设计者要把时代的精神内核和发自内心的审美体验有机结合，这样的设计既能打动人，又极具独特风格。

为客观准确地把握高感度消费者最基本的时尚要求，需要分析他们生活方式中新出现的一些生活场景。考察高感度消费者具有怎样的生活场景、憧憬怎样的生活方式，并针对典型的生活场景，在商品企划中设定与之相匹配的风格形象。这就要求从总体上把握生活场景中的新特征，找出符合潮流的要因，再总结不同场合中的主要风格形象，并针对不同的目标市场加以分析、归纳不同风格形象主题的色彩、材质、廓型、品类。此外，服装商店、街头服装、史料、书籍、报刊、影视、展览和面辅料市场中可带来灵感的东西都可以进入我们的资料库，对流行信息的采集一定要特别注意取舍。因为现今流行发布机构众多，预测到的结果也存在很大差异甚至相互矛盾，所以要客观理智地对待流行预测的结果，要结合自己的选题风格来筛选有效信息。

主题分析：古巴、记忆、无机、碰撞（图3-34）。

主题解读一：古巴——热情、真实、浓郁；古巴海岸傍晚的热带风光——海水、沙滩、贝壳、棕榈树，伴着落日余晖，绘制出一幅拉丁风情浓郁的古巴西海岸美景；记忆——复古、回忆、温暖、感伤；"片段与永恒"——我们每时每刻都在告别，向去年、昨天、上一秒，一切都在我们身边后退，而全部回忆的碎片都可以让我们心怀温暖（图3-35）。

主题解读二：无机——冷静、先锋、金属感、幻象；"冷静背后的华丽"——意识的先锋性来源于对微观世界的探索，寻求微观里的宏大浩渺，对一切充满敬意，手指穿越幻影叠现异彩光线；碰撞——轻快、活跃、嚣张、轻松；"放肆与轻松"——"世界尽在指尖"的生活方

图3-34 主题灵感图

图3-35 主题延展图——古巴、记忆

图3-36 主题延展图——无机、碰撞

式让新一代们处在前所未有的多元选择中，拉平世界，放纵心情，恣意挑选，随意组装（图3-36）。

（三）休闲装设计的款式细节

服装的廓型是整体形状，在设计中要把握好比例和线条这两个设计要素。服装内部的线条是指其分割线、褶裥和省道，它们并没有统一标准的位置，而是可以围绕人体转动的，关键在于它们给人的视觉效果。

如果一件服装缺乏精美的细节，即便它拥有再戏剧化的廓型和再完美的线条，也会显得不够专业且缺乏设计元素。缺少细节的服装可以出现在T台上，但是经不起近距离的审视。选择哪种材料，用什么材质和颜色的绲边，配哪种类型的口袋以及使用多少明辑线，都是值得考虑的细节。细节的巧妙设计也可以成为系列设计的一种个性化标志、一种符号，正如香奈尔套装的镶边业已成为其品牌的识别标志（图3-37）。

（四）休闲装设计的面料元素

材料的选择是否合理是实现设计效果的关键，许多失败的设计正是由于面料选择不妥造成的。在选用材料时，应注意符合设计主题。面料的设计创新，一般需考虑两个方面：一是选用普通材料，通过破坏、重组、精雕细刻等肌理再造方式使之呈现新面貌；二是强调材料本身的性质，但要使最终的效果脱离原有的视觉印象（图3-38）。

（五）休闲装设计的色彩元素

丰富的色彩是吸引消费者的强有力因素，也能够直接传递不同的情感认知。因此，色彩元素

图3-37 休闲装设计细节

是指休闲装产品中具有直观情感传递功能的、能够延续其休闲装文化的色彩设计语言。

（六）休闲装设计的图案元素

图案是由造型构图、纹样、色彩三部分构成的，多元化的图案是流行趋势中最具有符号特征的设计元素，合理运用图案设计能够直接向消费者展现休闲装特点。因此，休闲装的图案元素是指产品中具有符号表达功能的、能够延续其休闲装文化的图案设计语言。

在休闲装产品的开发过程中，图案是提高休闲装识别度最简洁的方法之一。优秀的图案设计能够强化消费者对产品的认知，是休闲装进行差异化设计战略的有效手段。在休闲装图案元素的构建过程中，系列休闲装产品的主题和材质应用是影响休闲装产品图案开发的主要因素，因此需要结合上述因素进行图案元素开发，休闲装图案元素构建如图（图3-39）。

知识链接：杰尼亚男装的产品色彩分析

埃梅内吉尔多·杰尼亚（Ermenegildo Zegna）品牌源自意大利，始创于1910年，下面以该品牌旗下的男装品牌杰尼亚为休闲装色彩的研究案例（图3-40）。杰尼亚的男装相对其他子品牌而言时尚度更高，服装品类属于休闲装又带有正装元素，面向25至40岁较为年轻的男性消费群体。杰尼亚的男装产品从不刻意追求新奇的款式或靓丽的色彩，而是以优雅内敛的品牌文化特点闻名遐迩。可以发现，杰尼亚男装产品的色彩纯度整体较低，且在用色方面具有很强的延续性，在两个对比的时间段内都是以深灰色、卡其色、浅驼色、酒红色和深咖色为产品的主色调，高级、深

图3-38 休闲装面料风格的影响因素

图3-39 休闲装图案的构建元素

图3-40　杰尼亚男装产品色彩

沉、儒雅的色彩风格渗透进杰尼亚品牌的每一件男装中。

杰尼亚通过低饱和度的传承式色彩更好地体现了该品牌古朴厚重、含蓄低调的物质文化特点，加深了人们对杰尼亚品牌文化与品牌色彩联系的感知。从休闲装文化出发进行色彩搭配，将具有品牌识别意义的颜色融入每季的产品设计中，逐渐形成品牌的色彩设计风格，并不断更新品牌色、流行色和辅助色形成品牌的色彩元素集合。这样的设计元素集合对于设计师今后根据品牌风格制定企划内容具有指导性意义。

思考题

整理个人休闲装色彩库、图案库、面料库、款式库。

三、休闲装设计案例

本案例以"东方华梦"为主题设计系列休闲装，从灵感到色彩、图案及细节紧扣主题，分析主题，最终推导设计系列效果图。

（一）设计主题

主题分析：中国文化在世界眼中始终是一种像梦一般神秘而精彩的古老文化，各种中国元素像碎片一样热闹活跃地与当下年轻一代融合在一起，交织出令人心驰神往的梦境（图3-41）。

主题关键词：潮牌运动、文字拓印、织带装饰、异质拼接。

（二）款式细节

细节分析：细条型字母带、PVC拼接、科技感拉链装饰（图3-42）。

（三）面料设计

面料分析：以新型隐晦迷彩图案覆膜面料、中式梯田压花丝绒、中国风撞色泰丝面料、珠光涂层皮草面料、环保仿马毛面料等具有肌理感的面料作为主面料（图3-43）。

（四）色彩设计

色彩分析：采用中国传统色进行设计（图3-44）。

图3-41　主题分析

图3-42 细节分析

图3-43 面料分析

图3-44 色彩分析

（五）图案设计

图案分析：印章最早作为一种信物，人人通用，不分贵贱。象形文字是从古人描摹事物的原始记录方式发展而来，是世界上最早的文字之一。如今，东方文字与图案所带有的复古、神秘色彩在国际时尚圈成为表现个性的最佳流行元素，各大时装设计师更是不约而同地以东方印章与象形文字作为重要的装饰图案。东方文字逐渐走向世界中心，走向趋势主流（图3-45）。

（六）完成作品

设计说明如下（图3-46）。

款式一：条纹装饰突出学院风格，或以文字做条状装饰在卫衣上，汉字的图案元素透露出浓浓的东方气息，口袋以透明的PVC材质拼接，突出年轻一代勇于突破的个性特点。

款式二：东方风格是春夏热门主题，汉字是东方风格的主流元素，汉字元素与织带细节结合应用到系列设计中使女装风格更为率性，塑造出休闲与中性化结合的年轻女性形象。

款式三：运动也可以很潮，主要是由于零售品牌IT将"Vetements效应"引入了中国，时尚街头装和功能运动装的结合打造出了不拘一格的重叠、改良的廓型、拼接的色彩和醒目的图案。

图3-45 图案分析

图3-46 完整效果图

款式四：慵懒的大号棉服搭配长款内搭，大码廓型随意地搭在肩上，是传递洒脱态度的重要细节。装饰在前胸、下摆的文字图案增加了表面趣味，与街头运动廓型组合，形成了全新的风格。

思考题

思考服装设计企划流程，进行模块化编辑。

四、休闲装设计的创新方法

（一）大数据技术创新应用

消费者市场调研是休闲装设计流程的开端，也是后续产品开发的前期保证，调研结果的准确性会直接影响休闲装的设计定位。结合大数据技术的设计方法与传统设计方法相比，最大的区别便是前者将消费者置于设计的中心位置，通过挖掘并分析目标用户的行为及偏好等各项数据，结合品牌文化进行观察并模拟消费者行为来制定产品企划方案，能够使设计活动更加客观，提升企划方案的精准度。目标消费者调研内容如下（图3-47）。

以目标消费者行为调研为例，在前期基于品牌文化内涵对消费者画像进行总结，确定想要提取的行为指标内容，然后结合目标人群特质利用大数据采集技术进行消费者行为的相关信息选择。提取目标数据后，要选择和指标内容相适应的算法进行数据的挖掘分析，最后建立品牌目标消费者的行为数据模型。接下来就可以依据前期得出的行为数据模型，总结出热销产品的款式细节并针对不同款式的消费者评价，将综合识别性更高的休闲装产品的设计元素特征形成集合，在具体设计中进行应用，对产品开发环节进行反馈优化（图3-48）。

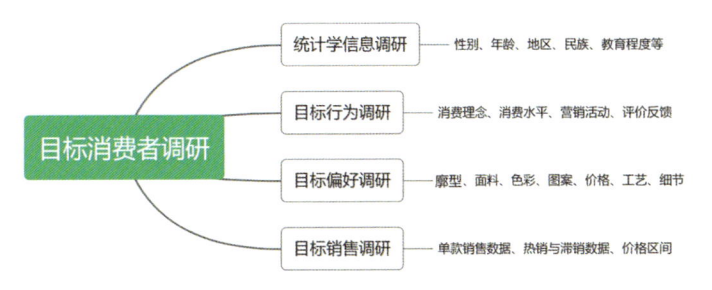

图3-47 目标消费者调研内容

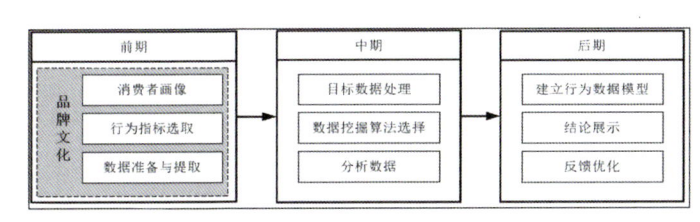

图3-48 目标消费者行为数据挖掘路径

通过数据的"搜集—分析—反馈—融合"四个阶段，对休闲装设计趋势信息进行分层优化，实现流行元素的获取与品牌文化的结合。将大数据的信息特点作为辅助，服务企业内部人员开展设计活动，可以使相关从业者在设计流程中更加客观地进行设计决策，在提升产品时尚性的同时更加贴近消费者市场的实际文化需求。

（二）AI技术创新应用

在休闲装设计的初创阶段，灵感的收集和草图的绘制至关重要，传统方式下，这两个环节往往需要消耗大量的时间和精力。然而，随着人工智能技术的发展，利用AI工具来建立资源灵感库已经成为提高设计效率的有效途径。

通过AI工具，设计师能够在设计初期快速地生成大量的草图和效果图。比如在与客户对接时，通过AI工具的辅助，设计师能在几分钟内生成10至50张不同设计思路的图像，大大加速了设计的迭代过程，相比传统的手工绘制效果图，效率提升显著。而在灵感收集阶段，AI工具同样能发挥重要作用。设计师可以通过AI工具快速地从海量的设计元素和趋势中筛选和提取有价值的灵感，使得灵感收集变得更为高效和精准。

资源灵感库的构建不仅仅是简单的图片收集，更是通过AI技术对各种设计元素和趋势进行深度分析和整合，为设计师提供丰富而有针对性的设计参考和灵感。这种方式不仅极大地节省了设计师的时间，也使设计过程变得更为聚焦和高效，加速了整个服装设计项目的进程。

知识链接：AI生成图片网站

国内：Openflow等。

国外：Midjourney、AIGC-SD等。

休闲装AI智能绘图案例如下。

AI关键词：一个身穿休闲装的模特，深邃的森林背景，服装充满植物花朵元素，立体填充效果，色彩饱满，色彩青春活泼，创意设计，针织元素，清晰的细节。

AI生成图如下（图3-49）。

AI关键词：一个东方模特，华丽的典型东方元素背景，身穿中国传统刺绣休闲外套，饱满的中国传统色彩，刺绣图案有花朵元素、仙鹤元素。

AI生成图如下（图3-50）。

思考题

如何有效结合AI智能绘图软件，推进设计工作？

本节练习

1. 假设你即将入职李宁设计公司，请分析当季系列服装产品设计的关键元素、色彩、图案及细节。

2. 岗位实训：以《洛神赋图》为主题设计5套休闲装。要求以设计提案形式提交作业，规格为A4或A3，彩色快印，装订成册，将作业和实训表格一并上传电子文件。

图3-49 AI生成的灵感图1

图3-50 AI生成的灵感图2

岗位实训

实训项目	休闲装——未来女装企划				
实训目的	1.了解休闲装企划流程。 2.能够提炼主题规定下的面料、图案、色彩等元素并分析。 3.能够运用所学设计方法，进行休闲服饰系列设计。				
项目要求	选做		必做	是否分组	每组人数
实训时间			实训学时		学分
实训地点			实训形式		
实训内容	以《洛神赋图》为主题设计5套中国风休闲装，步骤如下。 1.调研休闲装流行趋势。 2.根据主题分析设计要素。 3.整理设计要素画板，包括：主题、色彩、图案、款式、细节、面料。 4.设计一系列休闲装。				
实训工具	1.手绘：马克笔、彩铅等。 2.电子：iPad或电脑。				
学生 实训日志					
教师评价					
企业评价					

自我分析与总结

存在的主要问题：

收获与总结：

改进、提高的情况：

项目四
品牌服装设计

本项目重点：品牌服装设计的理念、方法、程序
本项目难点：符合品牌定位的产品开发
授课形式：理论与实践一体，讲、学、练相结合
建议学时：12 学时 + 专周实训

品牌服装设计是服装设计实务重要的内容之一，它几乎囊括了关于服装设计学科的所有知识点及应用点，并利用"品牌服装"这一设计主题将企划、设计、生产及市场等概念综合呈现。

第一节　何为品牌服装设计

一、从认识到了解

（一）什么是品牌服装设计

品牌服装是指以品牌经营理念为指导思想，按照品牌运作规范开发出来并拥有一定知名度的服装产品。针对品牌服装，以设计出符合品牌运作要求为目的的服装产品开发活动，即为品牌服装设计。

（二）直观认识品牌服装

以高级成衣品牌博柏利（Burberry）为例，分析其品牌名、标志、风格、常用款、常用色、门店装修风格等，感受该品牌的辨识度和独特的品牌气质（图4-1、图4-2）。

图4-1　高级成衣品牌博柏利

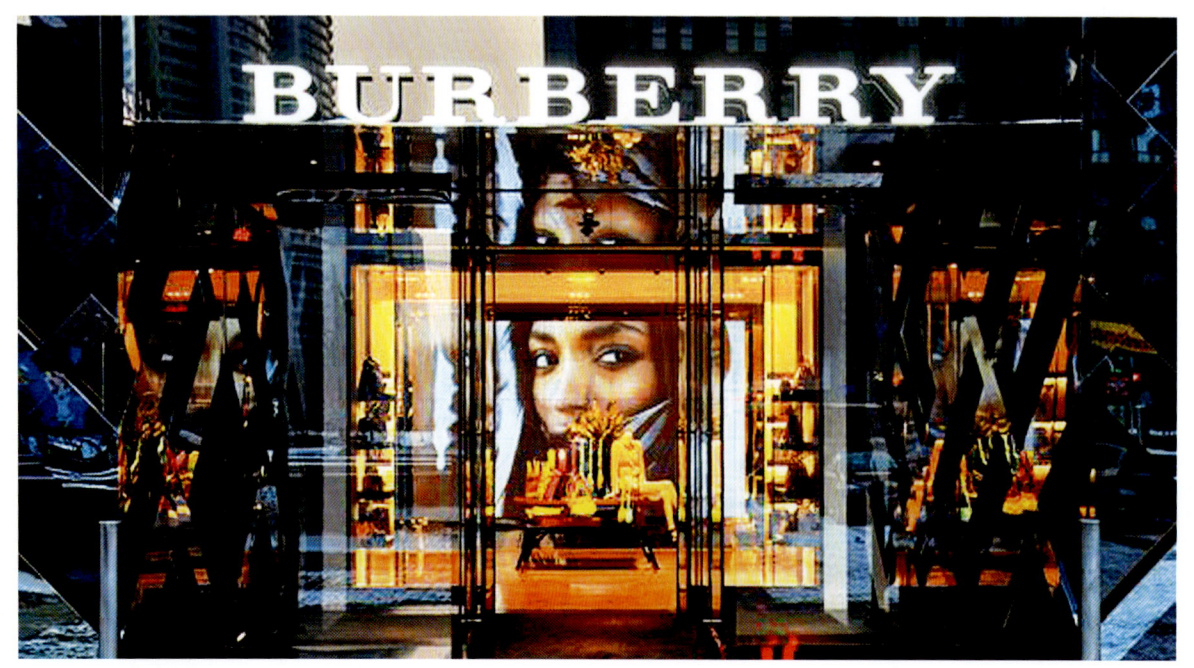

图4-2　博柏利专卖店

二、深入了解品牌服装

（一）了解品牌背景

要做到深入了解一个品牌，就要从简单的直观了解到知晓它的品牌背景，包括它的诞生渊源、品牌定位、目标消费群、市场等方面。只有深入了解品牌服装，才能逐渐把握品牌服装的设计特征和设计方法。

（二）长线跟踪品牌产品

初学品牌服装设计者，要养成跟踪观察品牌产品的习惯，只有通过连续、长线的深入了解，才能得出关于这些品牌的风格、品类构成、应用元素等品牌特点的系统概念。

知识链接：博柏利格子图案

由驼色、黑色、红色、白色组合成的格子图案原是1924年博柏利雨衣系列的衬里设计，现在这款格子图案几乎就代表了博柏利，成为博柏利的标志（图4-3）。在博柏利每年的新作品发布中，总能看到这款格子图案的变化设计。

以对博柏利高级成衣的解读为例。通过对博柏利品牌2010、2011、2012春夏（图4-4）以及2023夏季作品发布（图4-5）的长线追踪观察，我们可以发现该品牌在同品类服装设计上所保持的品牌特征和每季突出不同主题的变化设计。如经典的博柏利格子在服装和服饰上的应用，在保持和创新中不断演变（图4-6）。

（三）找出相同点进行归纳

在长线了解品牌后，就要认真归纳总结关于该品牌在产品形象、定位和品牌营销推广战略等方面的表现，正是这些形成了该品牌的总体特色。

图4-3　博柏利经典格子图案

图4-4　博柏利2010、2011、2012春夏作品发布

图4-5　博柏利2023夏季时装秀

图4-6　博柏利的时装包、鞋、帽子

课堂练习

选择一个你感兴趣的品牌，尝试从看到的直观印象和了解到的品牌背景，分析该品牌的品牌文化、品牌风格、运营理念等是如何在产品设计上表现出来的。

图4-7 博柏利经典设计

知识链接：博柏利的经典品牌故事

1835年出生的托马斯·博柏利（Thomas 博柏利），曾在布店里当学徒。21岁那年，他决定自立门户，在英国的汉普郡（Hampshire）开设服饰用品店，从而也开创了博柏利这一光辉的品牌。1879年，托马斯·博柏利研制了一种布料，也就在此时博柏利赢得了大家的认可。有意思的是，这种布料的灵感来源，是牧羊人及农夫身上穿的麻质罩衫，这种麻质罩衫竟有冬暖夏凉的奇妙特性。经过几番研究，博柏利以秘而不宣的独特手法，制成了一种防水防皱、透气耐穿的布料。托马斯·博柏利给这种布料起名华达呢（gabardine），并以此字作为博柏利的注册商标。

在第一次世界大战中，50多万的英国官兵穿了博柏利专门生产的"防风雨服"，由此博柏利形成了一种"战衣"风格并进而达到了极致：与众不同的肩章、带皮条的袖口、领间的纽扣、深深的袋兜、防风雨的口袋盖及附着的金属环。这一设计直到今天仍然引领时尚（图4-7）。

第二节 设计之前

一、品牌服装怎么设计

通过对品牌服装的了解，我们知道品牌服装的设计受限于"品牌"两个字，因此并非单纯的针对服装的设计，它所包含的内容有很多，概括起来包括以下三个方面。

（一）品牌理念

品牌理念是品牌服装设计的出发点。所有关于品牌服装的设计都是围绕这一出发点所进行的对于品牌理念的发扬和深化，做到这一点才能使品牌的个性特征和风格具有长久的生命力。

知识链接：时尚品牌高田贤三

时尚品牌高田贤三自1970年创立以来，一直秉承"自由"的时装理念，缔造全新典雅之风，表现为鲜艳变幻的前卫用色风格和大胆巧妙的设计层次感（图4-8）。在结构设计上，它将"平面理念"融入欧美服装的立体结构中，打造出前所未有的比例和剪裁方式。高田贤三致力于打造真实、日常的时尚衣橱，将时装设计真正体现于现实生活，正如总监长尾智明（Nigo）在该品牌2023春夏时装秀上的呈现（图4-9）。

设计师介绍：高田贤三

设计师高田贤三被誉为"时装界的雷诺阿"。在几十年的设计生涯中，高田贤三一直坚持将多种民族文化观念与风格融入其设计中，他自称是"艺术的收集者"，但他更是一个多元文化的融合者。

中国的传统中式便服，东亚的各式印染织物，罗马尼亚的农夫围裙、罩衫，西班牙斗牛士的短大衣，印度的"莎丽"，北欧斯堪的纳维亚地区的厚实毛衣，无不为高田贤三的创作提供灵感。他大胆吸收各民族服饰的特点，充分利用东方民族服装的平面构成和直线裁剪的组合，形成宽松、自由的着装风格。同时，高纯度颜色面料的选用和多色彩自由搭配的着装方式更是高田贤三独具的特色。绘画艺术和流行文化也同样影响着高田贤三的设计。对创意的强烈追求，使高田贤三的设计呈现着主题的多样化和广泛性。比如受莫奈画作《睡莲》的影响，他设计了以睡莲为图案的马甲和套装；他也从日本浮世绘中吸取

图4-8 高田贤三2009、2010、2011春夏作品的理念表达

图4-9 高田贤三2023春夏时装秀

多种服装搭配技巧。他像一块艺术的"海绵"，吸取各种不同的文化素材，然后通过他天才的联想与现代时尚的充分融合，幻化出充满乐趣和春天气息的五彩作品。

高田贤三的作品始终没有丝毫的忧伤，就像雷诺阿的画一样，只有快乐的色彩和浪漫的想象。

（二）品牌产品

重点探讨品牌服装设计的狭义方面，即品牌产品的开发。而品牌服装设计的核心点就在于品牌服装的款式造型、色彩设计、材料选用、品类组构等方面（图4-10、图4-11）。有品牌产品设计

图4-10　某女装品牌产品品类组构展示

图4-11　博柏利店内商品展示

理念引领，才能保证该品牌具有核心竞争力。

关于品牌产品附加值的设计也是非常重要的因素，比如服装结构上舒适度的设计、特殊的工艺设计、专用的服装材料等，都体现了品牌产品的内涵，也是品牌服装发展到一定阶段必不可少的设计思想之一，它决定了该品牌未来能走多远。

（三）品牌形象

服装品牌自创立之始就确立了自身的品牌文化内涵和品牌形象。从视觉上的VI系统到市场运作中的形象推广，品牌具有自身的识别性。在品牌发展中，重要的是不断塑造完美的品牌形象，其中开发设计立足品牌文化且风格差异化的时装产品，是品牌形象深入人心的重要工作。高级成衣品牌安娜苏的形象完全不同于大众时装品牌飒拉（图4-12、图4-13）。

飒拉的策略是不领导时尚潮流，但紧跟潮流。它从大街上、电影里及其他大牌时装秀中汲取灵感，更新自己的产品，紧随时尚的脉动。飒拉与顾客追求时尚的心态保持同步，能够更快地

图4-12　高级成衣品牌安娜苏引领世界时装潮流

图4-13 飒拉时装紧随时尚的脉动

抓住每一个跃动的时尚讯号,以此来打动顾客。飒拉以小批量、多款式、高速度的"快速反应"著称于流行服饰业。

二、品牌服装的设计思路与方法

品牌服装包含时装的含义,所以与时装设计的原则和设计过程一致。需要强调的是,品牌服装必须根据目标消费群的需求来设计:一是要关注和分析随着该品牌定位人群的审美需求、生活方式的变化而产生的新的着装需求;二是不同品牌的目标消费群对流行的接受程度会有所不同,在设计中要掌握好应用流行元素的量,达到在品牌文化层面引导目标消费群的着装趋势,使消费者注重品牌价值且对钟爱的品牌拥有持久的购买欲。所以,品牌服装设计更具有创新要求,并应通过产品彰显特色、传递品牌文化。

品牌服装公司有专门的团队研究商品企划,而设计师团队是根据公司企划、主题理念来做设计(也有公司将这两个团队合在一起,称为商品企划开发部门)。在设计理念的指导下,收集流行趋势、市场情况及竞争对手的情况,研究分析上季产品畅滞销的数据,汇总这些信息,分析如何在延续品牌风格的理念下,结合流行找出新的设计卖点。

综上,品牌服装设计仍然需要构思造型、色彩、材料这三个元素怎样设计和重组。

解读大师品牌,找出设计的规律,借鉴学习。

(一)品牌服装风格的延续性

品牌自身的设计理念和风格决定了产品的设计方向,形成了品牌的辨识度,比如香奈儿(Chanel)优雅简洁的经典夹克设计、精致镶边的花呢洋装、反复出现的经典山茶花图案等都是其品牌文化延续性的体现,在很大程度上形成了其品牌服装的标志性设计(图4-14至图4-17)。

(二)品牌服装风格的创新性

立足品牌文化的创新设计使其时装产品(或作品)具备差异化风格,具有市场影响力和竞争力,能创造性地引领流行趋势。对一般品牌来说,创新性设计方法有两个:一是对应每季热卖款的设计,二是聚焦每个品牌作为体现设计理念

图4-14　香奈儿山茶花系列珠宝和腕表

图4-15　香奈儿2003、2007、2011年作品

图4-16　香奈儿2011春夏高级时装发布

推出的概念款。例如参考路易威登2023春夏时装设计焦点（图4-18）。

> 知识链接

路易威登（Louis Vuitton）是一个世界知名的法国奢侈品品牌，隶属于酩悦·轩尼诗-路易·威登集团（LVMH）。该品牌由路易·威登于1854年在巴黎创立，最初以制作平顶皮衣箱闻名，并迅速在上流社会中获得认可。随着时间的推移，路易威登不仅在箱包领域取得了巨大成功，还扩展到了手提包、旅行用品、小型皮具、配饰、鞋履、成衣、腕表、高级珠宝及个性化订制服务等。2018年7月15日，路易威登正式入驻中国官方线上旗舰店，进一步拓展了其在亚洲市场的影响力。

图4-17　香奈儿品牌风格的延续——香奈儿2024春季时装秀

图4-18　路易威登2023春夏时装秀

第三节　怎样设计品牌服装

一、转换思考习惯

（一）抛弃单件式、单系列思维

从前面我们所举的品牌服装的例子可以知道，设计品牌服装一定要抛开就一个款式设计一个款式，或者只局限于由一个灵感设计一个系列的单件式、单系列思维。品牌服装设计一定要按照公司新季商品企划、品类组构的要求，做拓展系列设计。

（二）建立框架式思维

具体来说，品牌服装设计要建立"一盘货"的概念，根据目标消费群的需求，通盘思考在产品开发中如何通过主题设定、系列设定、产品结构一直到具体的款式表达等，从头至尾地服务于品牌的理念、风格、市场等，它需要的是框架式的思维方式。

二、形成设计框架

若要形成设计框架，首先应充分了解所要服务的品牌。

（一）文化内涵

了解品牌的文化内涵包含两个方面：一是充分了解品牌基于自身背景的品牌诉求，它决定了设计的方向；二是搜集当代文化中可用于本品牌设计的元素，保证设计具有时代气息。最终将二者有效结合并体现于设计中，这就形成了该品牌服装的文化底蕴。

例如渔牌女装产品特色鲜明、品牌辨识度强（图4-19），其产品开发秉承东方图案文化理念，选择花卉作为图案元素，搭配精美的绣花、钉珠装点，呈现浓厚的民族风情，深得目标消费群的喜爱（图4-20）。

（二）产品特色

对品牌往季所开发的服装风格、设计元素（如常用色彩、图案、装饰手法）以及品类构成（如每季开发品类、各单品开发数量、品类组构等）进行分析，同时了解上季各款式的市场反应情况，分析畅销、滞销的原因，再结合流行趋势进行延续性、创新性的设计开发，形成产品特色。

（三）运营模式

对于本品牌至少连续两季的品牌运营调研分析也是品牌服装设计必不可少的前提。与品牌营销方式、推广手段等营销策略配合成功的设计才能达到最佳的新品开发效果。

图4-19　渔牌女装具有传承民族文化的鲜明品牌特征

图4-20　渔牌女装2023/2024秋冬时装

> **经验提示：产品调研方法**

可利用本公司官网、品牌手册、内部资料等渠道进行产品调研。

产品的畅销、滞销原因可以有很多，比如一件设计很好的T恤，很可能因为印花工艺处理不恰当、上市波次推出的时间不合理甚至陈列时的挂摆方式没有选择好，而影响到最终销量。因此，在做分析时要综合各种因素，甚至从设计到终端销售都要考虑。这也是设计师要跟进市场反馈的职业要求。

> **学习建议**

可以通过观看品牌时装发布、调研品牌服装店铺和面料市场等，收集一手资料，也可以通过网络等资讯平台获得二手资料，还可以通过制作回收调查问卷、电话询问等方式获得信息。

三、市场调研

（一）市场调研

1. 调研流行趋势

可以通过权威机构发布的研究结果，对国际、国内的流行趋势进行把握，包括流行色、流行面料、流行款式、流行配饰甚至流行妆容等。

2. 有针对性地调研同类服装品牌

调研竞争对手品牌同期的产品资料，如款式、色彩、面料、图案、配饰、工艺等方面的信息。

3. 调研消费者

（1）描绘消费者画像，包括文化层次、收入、服装所占消费比重等。

（2）收集消费者的品牌消费反馈，包括消费本品牌经历、对本品牌提出的建议和意见等。

（3）了解消费者对下季服装的需求，包括款式、价格、服务等。

（二）调研报告的内容

完整的调研报告应该包括：根据调研资料形成的图、文、表格、数据，市场分析报告和初步的下季开发预案。具体应包括以下四个方面的内容。

1. 调研对象的背景介绍

以某相似品牌的调研为切入点进行分析，包括公司背景、品牌风格、市场定位、发展现状等。

2. 当季产品开发特点综述

包括产品品类构架、基本款、核心品类、面辅料应用、色彩设计、运用工艺及流行元素的应用等，要结合这些方面对流行趋势的应用做出重点分析。

3. 形象推广策略

包括产品形象、店铺形象以及产品的陈列展示等。

4. 提出对本品牌下季开发的可借鉴之处

基于对调研对象的分析，提出适用于本品牌开发的初步想法，尤其要总结对象的不足，提出自身开发的优势所在。

> **思考题**

从以下方面了解你要模拟设计的品牌：它的经营范围在哪些城市？它的服装风格是什么样的？核心款有哪些？常用色彩有哪些？常用的设计手法有哪些？

第四节　从企划开始统筹设计方案

服装商品企划是包含内容极广的独立系统，本书只拟对服装品牌一季的品牌企划案做一些相关介绍。

一、企划案的目的是什么

（一）体现品牌发展思路

企划既要突出品牌的历史、内涵等，又要强

调当前的品牌诉求，重点是提出面对当前市场和未来市场发展的计划性方案，特别注重计划的可行性。

（二）体现计划性

企划要重点表达针对一定时期或一季的开发预想，包括预期目标、依托于产品开发的实施步骤等，最重要的是体现时间性、可操作性。

二、企划案里应该有什么

（一）从市场分析入手

在做过充分的市场调研之后，品牌自身的商品企划要针对调研结果，从市场大环境、在同类服装品牌中的竞争优劣势、定价原则等方面进行数据化的体现。

（二）产品开发是主体

企划案应体现产品从设计到生产的全过程。设计方面包括设计提案、产品组构，生产方面包括生产组织及进度把控等。

（三）品牌战略要突出市场性

针对前一季调整的营销战略等进行详细分析，包括营销渠道、促销方案、形象推广、售后服务等方面的企划。

学习建议

当你还在琢磨设计提案时，就要考虑到消费层面和价位问题，因为这些基本因素决定着你的设计如何展开。你的设计必须看上去漂亮——从审美的角度看，它是否能打动人？材料的使用是否合理？能否与最终目的相吻合？设计师必须考虑所有这些问题。但是，对一个将要成为设计师的人来说，首要的是实践服装设计的基本原则，学会预测这些个体元素如何协调，才能创作出令人满意的设计方案。

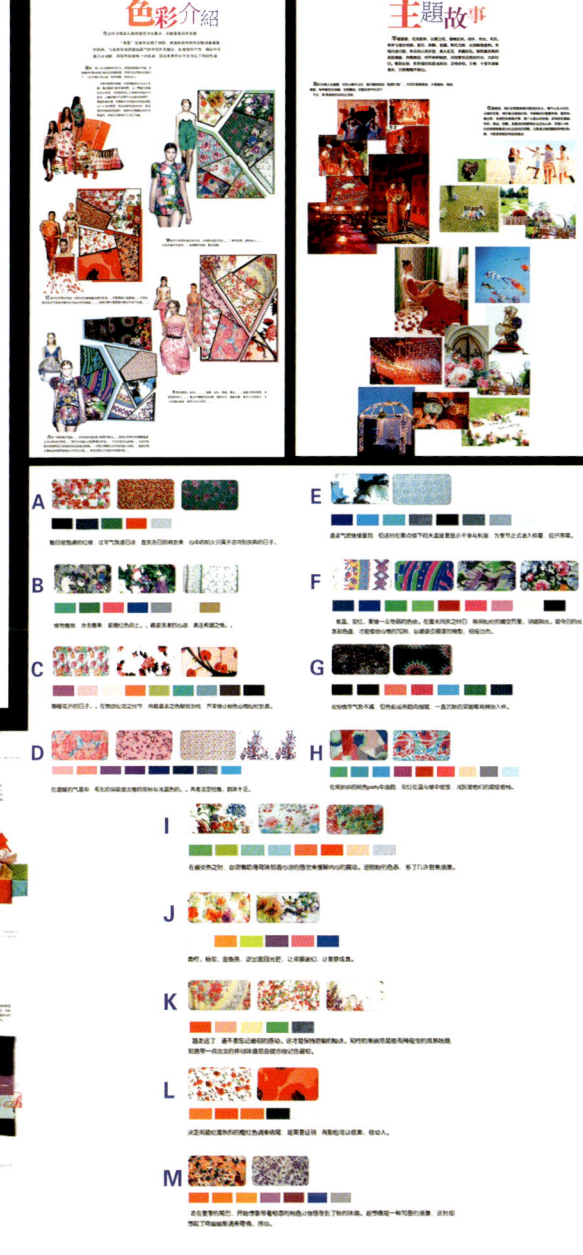

图4-21 主题看板示例

三、开发提案怎么做

完整的提案是有计划地进行新品开发的指导。时装公司的设计团队会根据公司商品企划书进行提案工作，一般的提案有如下内容。

（一）制作主题看板

按照本品牌新季的综合诉求，结合流行趋势的内容，根据调研报告做主题看板，包括灵感图和设计看板（各个时装公司的看板有所不同，但作用是一致的）。看板的图文是经过大量市场调研、流行趋势分析以及收集的大量资讯形成的，呈现了新季产品的主题与设计理念，涵盖了色彩、材料、造型、结构以及工艺细节的信息（图4-21）。

（二）确定开发主题

1. 选定主题理念及风格

确定多个开发主题，应包含名称、主题词、风格简述、开发要点简述等。

2. 确定主题下的系列

每个主题通常会主导几个不同的系列，各系列之间有主题的共性，同时又有自身的个性，有自己的名称和设计要素。同一个主题之下的各系列有所关联又有所区别。

案例解析：某品牌男装开发

某男装品牌某季开发的主题之一，名称为"记忆之味"，主题词为"怀旧、甜蜜、低调"，风格简述为"都市休闲、简约主义"，开发要点为"棉麻质感、灰白色调、廓型简约"。

同样在"记忆之味"这样一个怀旧的主题之下，系列1的名称为"旧城新事"，系列要素是"老城建筑的色调+现代格子建筑"。系列2的名称是"湘江故色"，系列要素是"湖南的自然风光+湘绣"。如此还可以推衍出系列3、系列4等。在设计时可以利用主题坐标图进行构思（图4-22）。

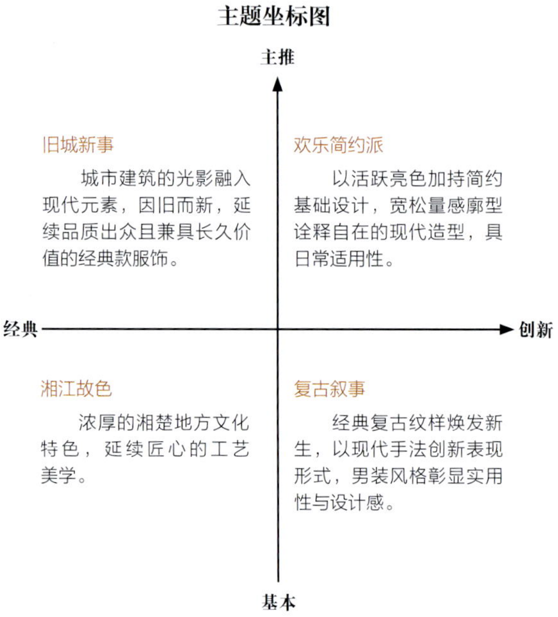

3. 阐述各系列的设计要点与细节

各系列的设计要点主要体现在对设计元素的

主题坐标图

主推

旧城新事
城市建筑的光影融入现代元素，因旧而新，延续品质出众且兼具长久价值的经典款服饰。

欢乐简约派
以活跃亮色加持简约基础设计，宽松量感廓型诠释自在的现代造型，具日常适用性。

经典 ——————————— 创新

湘江故色
浓厚的湘楚地方文化特色，延续匠心的工艺美学。

复古叙事
经典复古纹样焕发新生，以现代手法创新表现形式，男装风格彰显实用性与设计感。

基本

图4-22 主题坐标图

组织上，包括廓型、结构、色彩，以及面辅料运用、工艺处理手法等。通常以图文结合的形式进行阐述，以图为主（图4-23）。

四、确定产品结构

（一）各系列单品构成表的制作

应在调研报告的基础上，做出科学合理的产品结构设定。比如一个成熟的女装品牌开发的秋冬装单品组构，就可能包括上装部分的衬衫、马甲、卫衣、外套、夹克、风衣、大衣、羽绒服、毛衫、针织衫等，下装部分的长裤、短裤、短裙、半裙、长裙等。在品类开发较全的产品结构中，一季开发种类可达到几十个或更多。这部分设想要在提案中明确，为具体款式开发提供重要的产品结构依据。

（二）各单品代表款式的确定

在设计具体的品牌服装款式之前，通常要确定核心单品的廓型、设计趋向等，后期的款式开发设计则主要体现在细节上的变化。

在提案中，需要表示出代表款廓型，并列举图例说明，为款式开发提供参考（图4-24）。这样做的好处是可以保证设计风格的一致。

灵感元素：设计师以国画风格为基调，勾画出梅、竹的刺绣图案。水墨纹枝，淡彩纹花，粉彩映衬，生动地体现了寒梅、冬竹的冰肌玉骨之美。

设计稿

材料图

冰蓝色调手工贴花、苏绣技法

成品展示图

图4-23 重点设计手法与细节

渔品牌女装的设计手法多样，其中"绣、印、作、融"是其主要的设计手法。这些手法不仅体现了渔牌对传统与现代元素的融合与创新，而且通过不断融合传统手工艺及现代设计手法，勾画出现代女性的多元魅力。

图4-24 确定各单品的代表款式

（三）产品数量预设

产品数量预设常常以数字化的列表形式表现，数量是经由上季销量和本季市场策略科学计算得出的（前期的商品企划中应有计划地体现）。

（四）上市波次预设

产品上市波次的安排要根据产品生命周期、品牌定位、顾客对货品更新频率的需求来计划，每个品牌是不同的。按一般规律，年轻的、时尚的、产品季节性较强的品牌，可以按照比较高频率的上货波段来操作，如时尚度高的、年轻的服装品牌，产品生命周期有两三个月或更短，以一年六波段及以上安排不同季节新产品上市销售。如飒拉时装两周上一次新品。

知识链接：雷迪波尔研发部工作计划及工作流程

雷迪波尔研发部工作计划及工作流程如下（表4-1）。

表4-1　雷迪波尔研发部工作计划及工作流程

阶段		工作计划及工作流程
市场考察		1.根据出差考察计划做前期考察内容准备。 2.从各渠道收集国内外流行趋势和资讯。 3.每季度至少2次到公司专卖店了解销售情况，收集客户及店员反馈的销售信息。了解店铺的陈列、店员对产品知识的掌握、装修等实际情况。 4.每季度2次考察国内市场，了解竞争品牌的销售情况和信息收集。 5.每年2次参加国内面料辅料展，收集采购需要的面辅料。 6.每季度2次到奥特莱斯了解和分析库存产品的情况。 7.定期与营运部沟通分析销售数据，了解分析款式畅销、滞销的原因。
开发前		1.制作产品企划方案（包括主题、灵感来源、辅料、色系、SKU需求、价位段等，根据财务要求的毛利率指标确定采购价）。 2.根据企划方案进行款式设计（包括详细的款式图、内里图、配色图以及各部位尺寸标注图）。 3.辅料开发：根据企划所需设计辅料图稿，及时打样跟踪并整理打版所需要的库存辅料。 4.开发采购当季最新面料。 5.提前将设计的绣花图、领型图（衬衫、T恤）进行实物打样。 6.设计各类别的基础款式图。 7.参与制定各品类标准尺寸数据（基本款，特别款单独制定）。
开发期间	第一波段	1.到工厂进行新季度产品开发，沟通设计思路，设计图稿，确定工艺细节、面料辅料搭配，并现场设计图纸。 2.及时配发工厂打版所需辅料物料，跟踪样衣打版进度和情况，解决打版过程中出现的问题。 3.收集工厂提供的面料、辅料（包括车线）、工艺的优点介绍。
	第二波段	1.统计各类别打版数据。 2.在初版制作完成时，对样衣进行检查和审核，对不足之处进行调整。 3.收集国际品牌资讯和市场反馈信息，结合流行趋势进行第二批产品深度开发。 4.结合第一波样品设计师根据最新流行资讯和市场反馈信息完成补充设计的图稿，汇总整理后提出补充开发计划并上报完成。
订货会期间		1.对当季产品的设计理念和产品特点进行介绍，样衣筛选、定价和评审。 2.录入整理样板资料。 3.对客户进行当季产品的设计风格、细节特点的介绍。 4.及时记录客户提出的反馈意见。 5.对每天的订货数据进行分析并精选。
订货会后期		1.样衣修改及辅料确认。 2.大货辅料的编号和资料的录入。 3.和营运部、督导部一起撰写产品说明。 4.样衣退厂和收费样板的入库、请款，及时无误转交奥特莱斯。 5.参与产前样的批办，对面料、尺寸、工艺、颜色进行确认。
持续性产品开发及应季产品补充		1.根据当季订货会订货数据情况和客户反馈信息，针对性补充开发所需产品。 2.根据销售数据和市场情报，持续性补充产品。

第五节　品牌服装设计开发

一、主题下的款式设计

（一）品牌基本款

从品类上来说，基本款往往是常见的单品，如针织衫、衬衫、风衣、长裤等。

从设计上来说，基本款往往保持品牌特色的元素应用，如品牌常用色、常用图案、常用装饰手法等。

前期调研的作用现在可以具体体现。从调研结果中抽取、筛选出最直接的设计灵感，可以包括品牌自身的风格、品牌常用色、上季热销的款式、当季流行的款式以及流行的装饰手法，如图案等（图4-25）。

一定要谨记：主题和系列的风格决定了选取的内容。

（二）本季核心款

核心款通常指体现品牌风貌，并结合最新流行趋势主推的款式（图4-26、图4-27）。

（三）调整款

调整款是根据市场反馈及时进行调整增加的

图4-25　利用前期调研设计基本款

图4-26　雷迪波尔2024春季主推款 　　图4-27　雷迪波尔2023春季主推款系列

款式。比如，在与某裤装搭配销售时若衬衫出现缺货情况，则可以调整细节设计，补充性地增加新款衬衫。调整款也称为中间商品调整，是对市场滞销产品给予重新调整设计。

> **经验提示：调整款设计要求**
>
> 根据销售反馈和市场走势，分析款式的畅销和滞销原因，保留畅销款的设计要素，调整滞销款产品。调整款设计一是要符合品牌产品设计理念以及当季品牌推出的产品总体定位，二是形成的新款式可与已上市的产品搭配销售。

二、主题下的拓展系列设计

在确定的主题下，可以根据目标市场进行系列设计。以中心款式为核心，既可以通过造型、色彩、材料及并置重组推演而成，又可以通过服装的搭配设计来进行拓展系列设计。

三、产品搭配

将开发出来的单品进行组合推出是品牌服装在开发款式时就必须要考虑到的。因此，提供搭配推荐与新品陈列展示非常重要（图4-28）。

图4-28 四种颜色的搭配组合

第六节 品牌服装设计实施

一、制作样衣

服装款式开发完毕，接下来就是设计实施过程了，即将设计方案物化为实际产品。这就涉及以下两个最基本的方面。

（一）结构制版

按款式打样版，这不是一蹴而就的过程，其间要结合工艺、试样等过程反复调整。这一环节是实现款式设计的有力保证。

（二）工艺制作

样衣制作是一个必然步骤，这是在批量生产前的关键环节。样衣制作可以给版型调整提供依据，还可以对预设的工艺处理手法进行验证，比

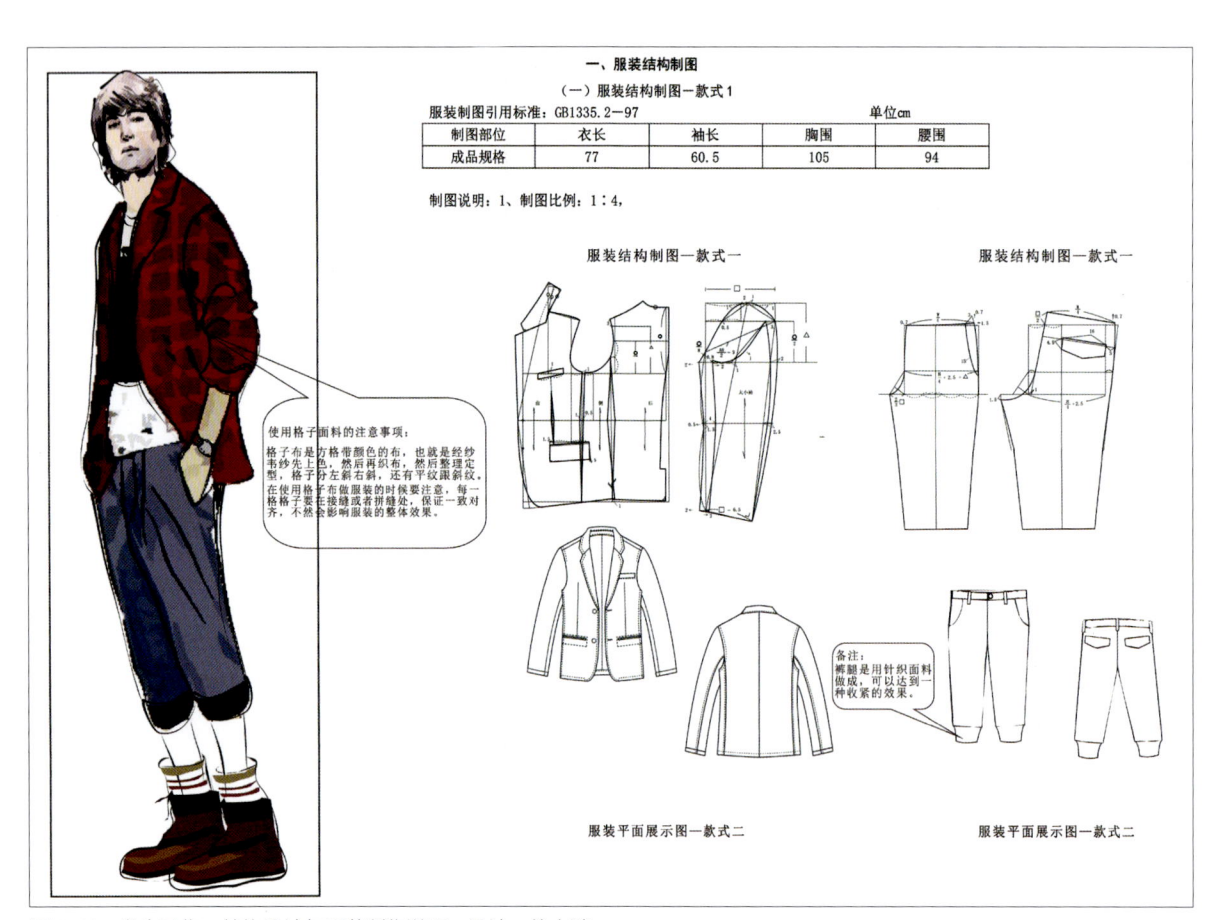

图4-29 学生习作：结构设计与工艺制作说明　设计：徐小鸿

如图案印花工艺的选择能否达到最佳效果等（图4-29）。

二、样衣评审

样衣经过技术部的检验，交设计主管、总监评审（一些公司商品企划、市场策划部人员也会参与样衣评审），确定样衣是否作为订货会样品。

品牌的基本款、核心品类及一些较为成熟的款式可先期进行小批量生产。

在传统的设计流程中，产品物化后即可代表开发过程完成。新的品牌服装设计流程还包括新品展示陈列以及参与订货会和后期工作等。

第七节　品牌服装陈列展示

新品陈列展示是品牌时装设计流程后一阶段重要的环节。

品牌通过订货会、专业博览会、时装周等展示新品，其产品进入市场推广、销售环节。虽然该项工作已属于营销环节，但这项工作是市场、策划、设计部门共同进行的。涉及的人员有市场总监、设计总监、市场策划部经理、产品设计部经理或主管、市场督导，以及专柜形象设计师（或展示陈列专员）、区域销售经理等。各部门各司其职，各负其责，协同完成。这一阶段，设计团队的主要工作是负责产品宣传画册的设计，协助制定终端形象以及产品陈列方案（在国内的较

图4-30　唯特萌（VETEMENTS）潮牌服装2024秋冬系列新品发布会

多公司这些工作均由设计部门负责，并且订货会上新品的讲解会由设计总监负责）。

服装陈列是品牌文化和市场定位的展现。

一、服装订货会

服装订货会是服装企业邀请经销商、加盟商集中订货，再根据客户订单分批次出货的一种市场运营方式（图4-30、图4-31）。

订货会一般主要针对加盟商、分销商以及自营销售队伍。加盟商、经销商通过订货会，看样下单订货。区域销售经理协助加盟商、经销商进行销售预测，制定订单。

目前，在服装订货会上，除静态展示陈列外，服装公司也常常通过模特走台来发布新品，给观看者更深刻的印象（图4-32）。

图4-31　唯特萌潮牌服装2024秋冬系列新品发布会橱窗展示

图4-32　唯特萌潮牌服装2024秋冬系列新品发布会秀场展示

图4-33 雷迪波尔参加上海CHIC展　　　　图4-34 雷迪波尔在成都时装周上发布2024春季新品

知识链接：服装订货会策划流程及主要内容

了解服装订货会的策划流程及主要内容（表4-2）。

表4-2　服装订货会策划流程及主要内容

阶段	策划流程及主要内容
第一阶段	1.拟定订货会方案。市场策划经理策划拟定订货会方案报市场总监审批。 2.订货会广告投放。市场策划经理根据已审批的订货会方案的需要，安排相应的订货会广告投放。根据合约的时间要求安排媒体投放广告的设计，报市场总监。 3.准备订货会宣传物品及资料。订货会广告投放可以提升加盟商、经销商信心，促使加盟商、经销商参会并大量订货。
第二阶段	1.品牌营运推广方案。市场策划经理根据市场销售目标制定全年品牌营运推广方案，报市场总监审批。 2.产品上市推广方案。市场策划经理根据市场销售目标制定产品上市推广方案，报市场总监审批。 3.终端形象及产品陈列方案。专柜形象设计师、市场策划经理制定终端形象及产品陈列方案，提报设计总监、市场总监审批。 4.产品销售技巧培训手册。销售部、市场督导合作制定产品销售技巧培训手册，内容包括产品知识、产品陈列规范、销售技巧、店铺管理等。 5.产品宣传画册。先期进行新品拍摄，设计制作画册。 6.订货会宣传、氛围营造。完成订货会主题背板、会场导向牌、宣传海报、条幅等的制作，较大企业还含制作企业宣传片、会议手册、礼品等。
第三阶段	产品订货。区域销售经理协助加盟商、经销商按照产品订货合同下单订货。订货会后，根据加盟商、经销商的实际销售情况进行追踪补货。

二、专业博览会、时装周展示

展示设计已成为时装公司品牌营销的重要手段，这种手段也被称为视觉营销。在产品开发策划之初就要提出方案，并且这项工作的实施贯穿于产品开发、推广的始终，是服装商品企划中重要的一环，是服装产品组构到视觉促销企划的重要工作，可分为服装展会上的静态展示和动态发布（图4-33、图4-34）。

经验提示：毕业生设计感悟

一位已从事几年设计工作的毕业生对工作的认识如下：

1.商品（产品）的开发设计应结合流行趋势和品牌自身定位进行款式开发。主要针对品牌定位和成本限制进行设计，"市场调查和品牌定位的范围设计"是必要的。

2.每季新品搭配，按照计划书通常会有休闲和活力两组，会有限定的两组颜色（再细分主副色）。所有款式分为休闲或活力系列，所以搭配起来也是有限制的，一般在系列配饰上做后期调整，所以"服装搭配"上的培训是很有必要的。

3.个人认为可以让学习服装设计专业的人了解模特走T台方面的知识。一个系列的最终展示怎样会更完美，并不是设计师把服装给模特穿上让其走完T台就可以了。如果一个设计师对走秀的队形、舞美、音乐等各方面都有所了解，那么效果会完全不同。

4.当我们走出校园，大多数的设计都应该摒弃当初单独以好看与否来评判的标准，而应更多考虑好卖与否，在客观条件的控制范围内进行设计，这是一个很现实也很残酷的观念上的转变。

第八节　项目实施

一、时尚男装品牌夏装设计与开发

项目背景：校企合作省级精品课"时尚男装开发与设计"。

实习小组成员：乔冬倩、卫铭菲、徐小鸿、王曼伊、肖平、陈驭帆。

由企业设计总监作为导师承担一部分理论课程，并负责带一组学生，参与时尚男装品牌S2某年的夏装设计与开发，作为校企合作开发课程建设项目。

随着项目化教学的深入，学生在企业导师的指导下深入产品情报搜集整理、产品设计方案制作、实体产品制作、流水线顶岗实习、参加产品订货会、全方位展示产品等工作流程，在实际环境中成长，取得良好的学习成果（图4-35）。

链接一：精品课实践内容组织图

组织精品课实践的流程如图4-36所示。

链接二：精品课作业要求

作业一：产品开发前期准备。作业要求：了解项目的目标及要求。

作业二：流行情报的搜集及调研、调研结果的分析及应用。作业要求：调研报告。

作业三：设计单品、系列。作业要求：以完整的提案形式完成。

作业四：设计产品细化，完成单品设计和系列整合设计。作业要求：以精确设计稿形式完成。

作业五：选取前期设计稿中的几款典型款式制版。作业要求：为订货会后的工艺单做知识技能准备。

图4-35 企业导师讲评学生作业

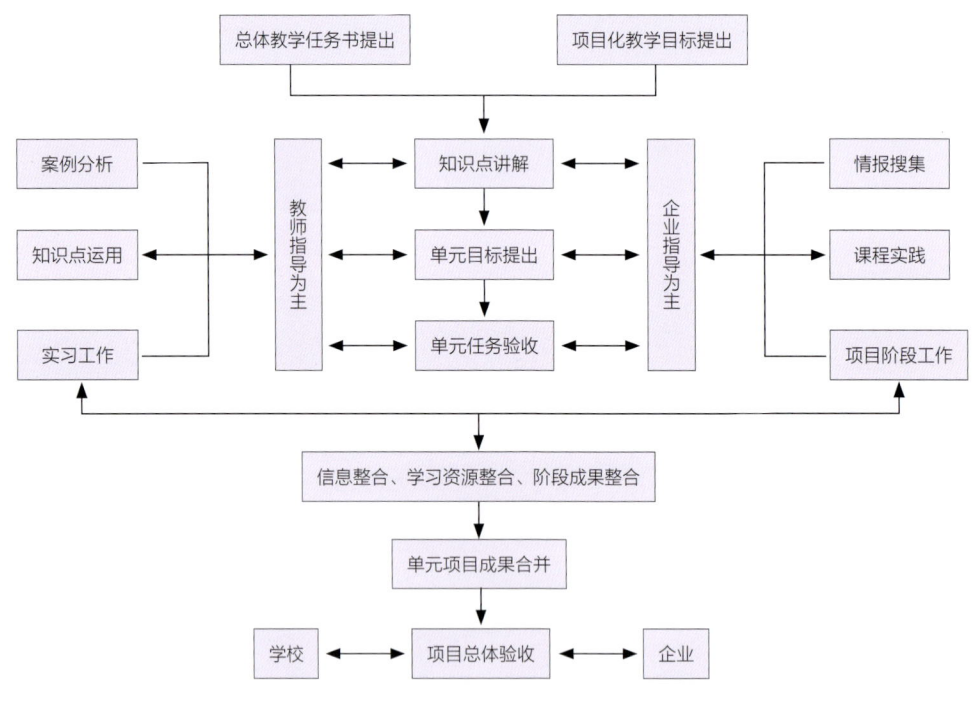

图4-36 精品课实践内容组织图

作业六：根据企业选中的款式制作成品。作业要求：结合新工艺手段准确表达设计原稿面貌。

作业七：完成画册、成品及展示陈列任务。作业要求：纸质、动态、动静结合展示。

链接三：实习时间和评价评估

专周实训：2周。

实训内容：设计成品制作。要求：根据企业选中的款式制作成品。

项目评价评估：1周。

评估内容：画册、成品、陈列展示。要求：完成画册、成品及展示陈列任务。

链接四：教学成果要求

学生的设计成为时装商品，项目成果展示：1周。

展示内容：企业订货会及教学展。

二、开发实施

时尚男装品牌S2某季夏装设计与开发包括T

恤、衬衫、针织衫、外套、裤装。学生作为设计助理主要负责服装图案设计开发。

（一）图案设计

指定题目设计：以大熊猫为主题元素（图4-37）。

1. 收集以大熊猫为题材的工艺产品、大熊猫的各种动态。
2. 将大熊猫憨厚可爱的形象，顽皮的体态，蓬松漂亮、黑白相间的皮毛作为时装的色彩及图案元素。
3. 确定黑白色设计图案。
4. 考虑图案在什么品类的服装上最适宜表现，选择面料。

（二）学生参与设计的作品

首先选定图案应用的方式，有以下三种方案。

方案1：针织衫，按设计好的部位织出或水印图案。

方案2：T恤、衬衫，印在T恤和衬衫上，结合特殊工艺。

方案3：包、配饰，绣、印或做意境造型。

再进行面料选择，有棉混纺、精纺针织、高纱支涤棉混纺面料、粗斜纹棉布供选择。

学生将设计方案提交公司审核，由设计总监确定并将图案印在精纺棉的T恤上，时尚且简单可行。接下来到印染厂印制试样，完成样衣（图4-38）。

后期准备模特拍照，做画册，全力准备订货

图4-37 以大熊猫为主题元素进行设计

图4-38 完成样衣制作

图4-39 拍摄宣传图并制作画册

会（图4-39）。

　　这些服装和图案由学生设计或参与设计制作，得到了设计总监企业导师的充分肯定，最终登上公司画册，作为订货会上的样衣并投放市场。后期，学生参与了企业订货会的准备工作，特别是在设计总监指导下设计画册，实际能力得到了很大的提高。类似的模式在企业中多有应用，不仅为企业注入了新的活力，也为学生自身能力的提高提供了保障（图4-40）。

经验提示：设计师的经验之谈

　　时装设计着重设计元素的提炼归纳，并根据目标消费群的需求、对流行的接受程度筛选和配置流行量。对设计者来说，一件创意成功的作品，可能源自先天，但是对于市场上庞大的目标

图4-40　易构（EGOU）某季春夏新品发布，设计总监朱文带领设计师、学生设计助理谢幕

消费群来说，只有先天的潜质就远远不够了，必须梳理我们成功设计的思路，将其归纳提炼成他人可借鉴的规律性知识。

对服装设计者来说，第一要懂得时尚，第二要站好位。设计师应时刻牢记，自己设计的时装要想被他人喜爱和接受，就得研究他人的审美心理、生活方式等，要知晓为什么消费者要买自己设计的衣服。第三就是艺术和技术层面的功力了：用什么艺术手法来设计时装呢？首先贯穿设计始终的是形式美法则，然后看服装构成的设计元素——造型、色彩、材料三者的重组；技术层面应注意结构设计和工艺设计等。第四，站在品牌文化层面，设计师要积极引导消费者。

时尚是变化的，需要各方不断研究。在目标消费群相对稳定的状况下，若公司由专门团队研究相关问题，那么设计师可以根据公司产品理念来做设计，以此为指导，收集流行市场对手的情况，并研究分析上季产品畅销、滞销的情况。汇总这些信息，设计师会发现规律是存在的，进而思考哪些款式好卖、它的设计元素和要点是什么，然后集中精力思考如何在延续品牌风格的理念下结合流行找出新的设计卖点。

如果设计的品牌不是一线品牌，则可以参考一线畅销款式，研究高级成衣设计师最新的发布中新的设计点，从自身品牌的特点出发进行创新。设计是不断学习的过程，设计师应时刻保持时尚敏感度，积极寻找灵感、打开思路，构思出可用于时装产品开发的设计元素。

思考题
怎样做品牌服装设计。

岗位实训
进行服装品牌分析，并参与品牌企业实际产品设计与开发项目，填写岗位实训表。

岗位实训

实训项目	服装品牌分析				
实训目的	1. 了解品牌定位：通过分析服装品牌的市场定位、目标消费群体、产品风格等，使学生更好地理解品牌的核心价值和市场策略。 2. 掌握市场趋势：使学生掌握对当前市场趋势的分析，包括时尚流行元素、消费者需求变化等。 3. 拓展专业知识：通过实训，学生可以深入了解服装行业的专业知识，完善自身的知识体系，为未来的学术研究和职业发展打下坚实基础。				
项目要求	选做		必做		是否分组		每组人数	
实训时间		实训学时		学分	
实训地点		实训形式			
实训内容	1. 选择一个你感兴趣的品牌（可参考以下品牌）。 2. 尝试分析该品牌的品牌定位、品牌文化、品牌风格、营销策略、品牌传播等。 3. 撰写一份详细的实训报告，介绍品牌并总结实训过程、方法和成果。				
学生 实训日志					
教师评价					
自我分析与总结					

项目五
项目综合实践

本项目重点：岗位实训
本项目难点：技能实践训练
授课形式：讲授 + 指导 + 实操
建议学时：12 学时 + 专周实训

项目综合实践按"项目—任务—工作过程"的组织方式展开，围绕课程对应的岗位，使学生参与企业真实项目，接触其中的工作任务、提升职业能力。本项目以工作任务为导向，以产品设计开发全过程为例展开教学。本项目分为两个小节（分项目），分别是职业装设计研发项目"南方电网专用防电弧服装开发"和时尚男装品牌研发项目"雷迪波尔2022春夏新休闲装、新商政装产品开发"。

第一节 职业装设计研发项目

一、项目描述

项目名称：南方电网专用防电弧服装开发。

项目背景：本项目由广东朗固实业有限公司承担，负责南方电网集团设计研发新款工装，要求实用性与时尚性兼备，能充分体现该集团的行业特质、企业文化和发展理念，在为员工提供职业安全保护的同时，更好地激发员工的职业荣誉感和专业精神。

项目所属行业：电力生产和供应保障型企业。

项目应用人群：发电、输电及线路维护等岗位，日常工作和操作中需直接接触电流、电弧的生产作业者。

项目应用场所：工作中需接触电源、电流，或存在潜在电弧威胁的场景，户外或户内皆有可能。

项目实施：以校企合作的方式，由企业方导师负责组织学生实施，专任教师协同管理执行。

项目综合实践目的：训练、指导学生学习、了解职业装设计研发项目的实施过程和企业运行模式，结合实习实训，使学生理解、掌握这类服装产品设计与研发的方法和实操技能。

该项目涉及的职业能力清单如下（表5-1）。

表5-1 职业能力清单

能力类型	具体工作和实操技能	掌握程度及完成形式
需求调研与分析的能力	1. 调研方案设计与组织实施。 2. 信息收集、归纳分析。 3. 问题梳理、痛点发掘。 4. 明确需求、确定研发方向。	能形成调研报告。
产品设计与表达的能力	1. 设色、构形、选材。 2. 创意方案表达。 3. 样品制作、成衣样品呈现。	能绘制效果图、款式图，有款式设计、色彩设计、结构设计的技能，有面辅料知识，能了解工艺并给出简单的工艺说明等。
产品工程化的能力	对应企业实际生产条件，完成产品工程化所需的各项生产及技术资料的制备。	了解工业制版、排版、流水线设计等。

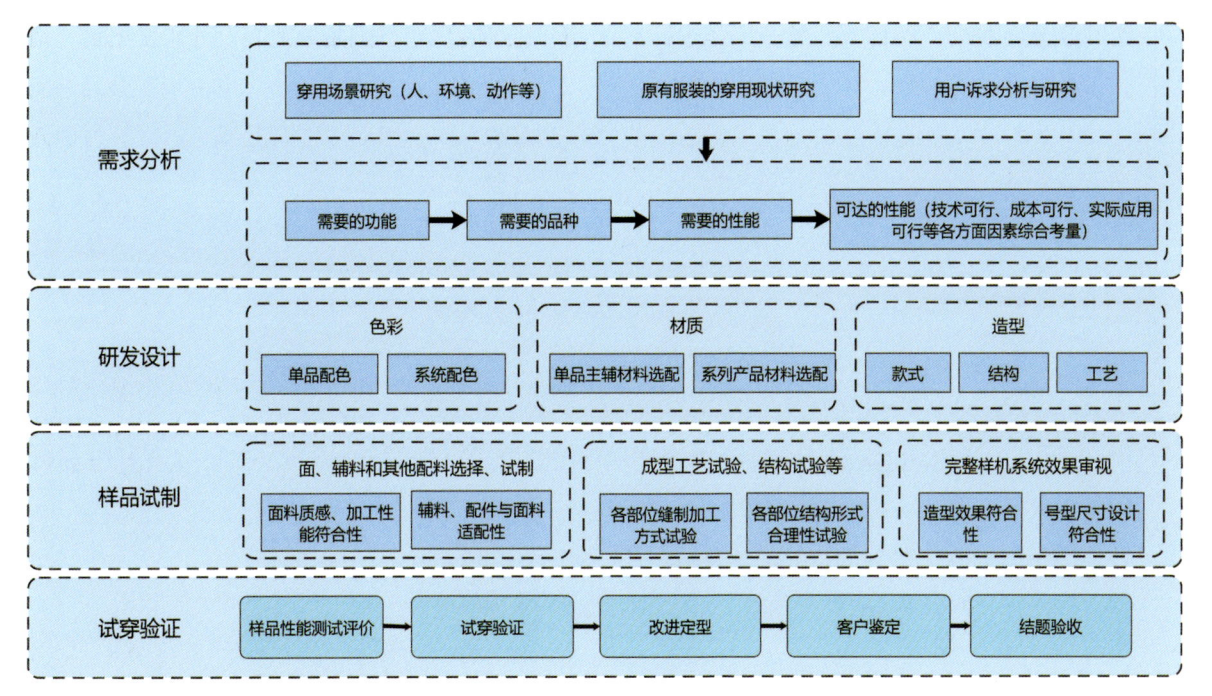

图5-1 劳动保护类职业装项目研发流程图

劳动保护类职业装项目研发流程图如图5-1所示。

二、市场调研

（一）下达任务

针对南方电网生产一线员工所处的典型作业场景展开调查了解。

1.任务目标

根据项目背景和用户要求，为其开发设计一系列通用型防电弧工作服，兼具实用性、审美性和经济性，适合全员装备。

2.任务要求

了解防电弧工作服的性能、操作工人的作业场景以及对工作服的功能要求，进行信息收集、需求分析。调研方案应设计完整、要点明确、内容具体、要素齐全、方法得当、操作性强。

图5-2 学生调研的作业场景

（二）任务实施

通过图文资料阅读和实地考察收集、整理信息。进行需求分析时，应考虑人物、环境、穿用场景，以及工作的性质、工作者要做什么动作，并对原有服装的穿用现状进行分析研究（图5-2）。最终，将以上信息汇总形成需求分析调研报告。

三、提出预想方案

（一）下达任务

根据用户诉求，分析需要的品种、需要的性能、可达的性能（技术可行、成本可行、实际应用可行）等各方面因素，综合考量之后凝练设计思想，着手构思预想方案。

（二）任务实施

从色彩、材质、造型、功能等方面出发，提出研发设计的预案。

四、产品设计定位

（一）下达任务

1.明确产品定位

防电弧工作服属于典型的劳动防护类职业

装，首先必须满足安全生产的防护要求；其次，该工作服为南方电网专属工装，须符合公司文化，利于公司品牌形象塑造和组织管理，适于装备。设计过程中应与客户沟通，充分理解其要求，明确设计定位。

2. 确定品种体系

防电弧工作服应为强电环境下的专用操作服、弱电环境下的通用工作服。

（二）任务实施

设色、构形、选材，进行创意方案表达。

五、产品设计开发

（一）下达任务

学生参与整个产品设计开发流程，按要求完成学习任务。

企业开发流程：色彩提取—材料选型—造型设计—完成设计图稿。

（二）任务实施

1. 色彩提取

从企业标识中提取色彩灵感，"万家灯火，南网情深"的品牌广告语引发人们对于宁静夜空这一美好画面的联想，企业品牌标志形似"电"字，恰为设计师带来银灰色反光条的造型灵感，丽日晴空的天蓝背景和醒目的反差明黄的组合运用，形成了服装的主色与辅色（图5-3、图5-4）。

图5-3 企业形象元素

图5-4 服装主体色彩提取

2. 材料选型

选用具有永久阻燃和防静电性能的面里料（图5-5），其应结实耐磨，具有良好的加工性能和实用性。设计时应考虑系统防护性能，对标选择与面料材质性能匹配的钩扣线带、各种配饰，以及高反射性能的反光材料带等各类辅料。此外，还应同步考虑服装加工工艺和所需设备等生产条件。

3. 设计要求

（1）"三紧"设计。强电环境下作业存在电弧火花和爆炸等伤害风险，因此要求服装必须充分"裹覆"人体，领口、袖口、脚口的"三紧"设计，长大褂式或连体式衣裤与头套、手套、脚套叠穿，可有效防止电弧灼伤人体（图5-6、图5-7）。

（2）服装款式简洁。因服装面料特殊，为尽可能提高防护能效比、减少电弧能量聚集和传导，服装外观应极尽简洁，任何非必要的口袋、分割、缝制和装饰物叠加此时都是画蛇添足，因为

图5-5 具有永久阻燃和防静电性能的面里料

图5-6 长大褂式专用操作服设计图稿

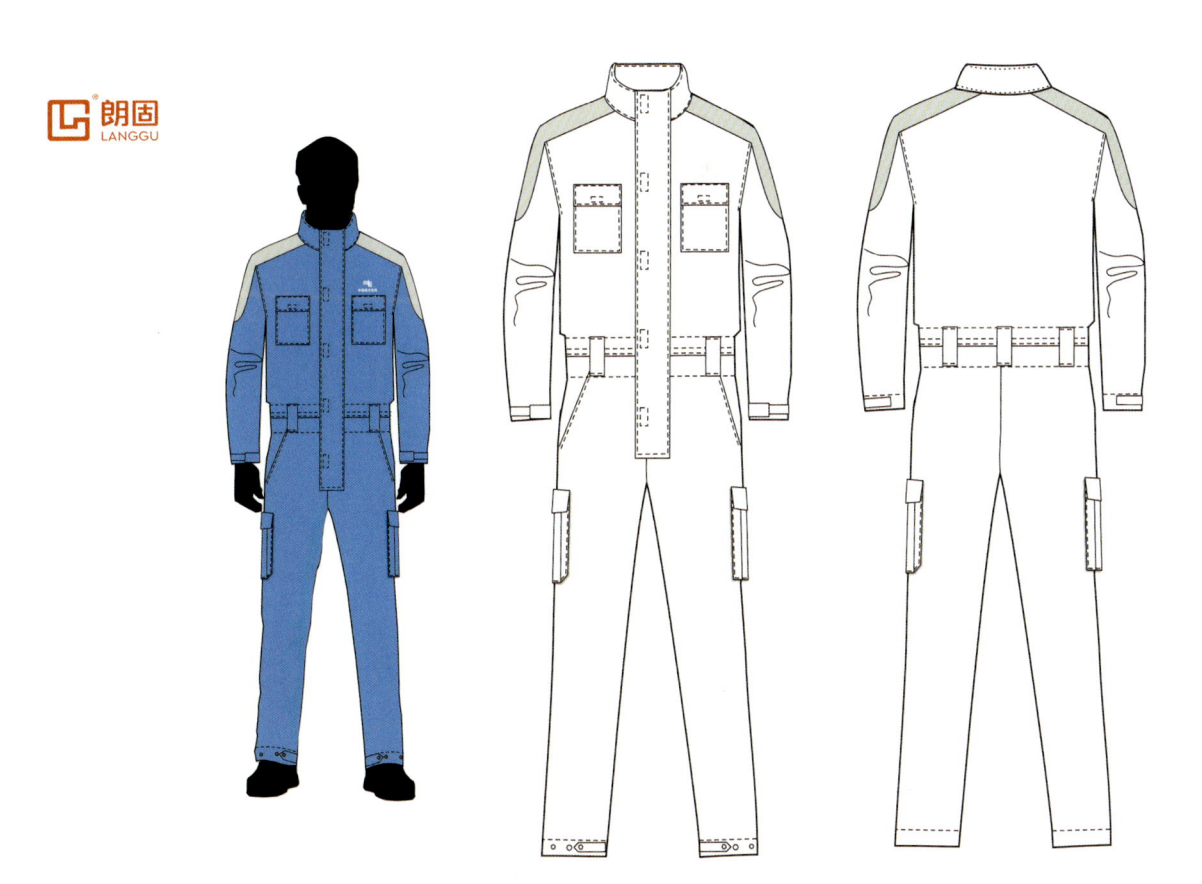

前胸反光条
可定制logo
前胸袋
手臂插笔袋
后背反光条

图5-7 连体式专用操作服设计图稿

项目五 项目综合实践

115

系统越复杂不可控因素越多，风险越大。在这里，服装追求的是功效美而非单纯的视觉美。

4. 款式设计

根据项目要求完成南方电网专用防电弧服装的款式设计图稿。要求产品品种体系清晰、完整，功能定位准确，符合实际需求。

相比之下，适用于弱电环境下的通用型服装适合采用分体式结构，因其穿用场景多样化，强调操作方便、动作灵活、随身物品便携等需求，所需的防护级别相对较低，因此重点在于局部机能结构如各种口袋的形式、部位和工学结构与尺寸设计。企业方确定增加分体式通用工作服的研发，见设计图稿（图5-8）。

六、产品款式细节设计

（一）下达任务

进一步思考款式的细节设计，完善设计方案。要求产品满足防护功能需求，体现南方电网的品牌文化形象。

（二）任务实施

反光条的设计灵感源于南方电网的公司标志造型，综合考虑了南方电网的标识图形、行业特质、中英文首字母、未来希冀等因素（图5-9）。

巧妙地将标志造型主体元素图案运用于上衣前襟、袖部以及裤子的反光条造型，既满足了必要的高警示防护功能需求，又很好地体现了南方电网的品牌形象。

七、工艺结构设计

（一）下达任务

工艺结构设计是学生需要了解的，特别是这种专用性较强的职业装，要求局部机能性结构设计，这在常规的服装设计、结构设计的教学内容中比较少。学生应跟随企业导师进行该段学习任

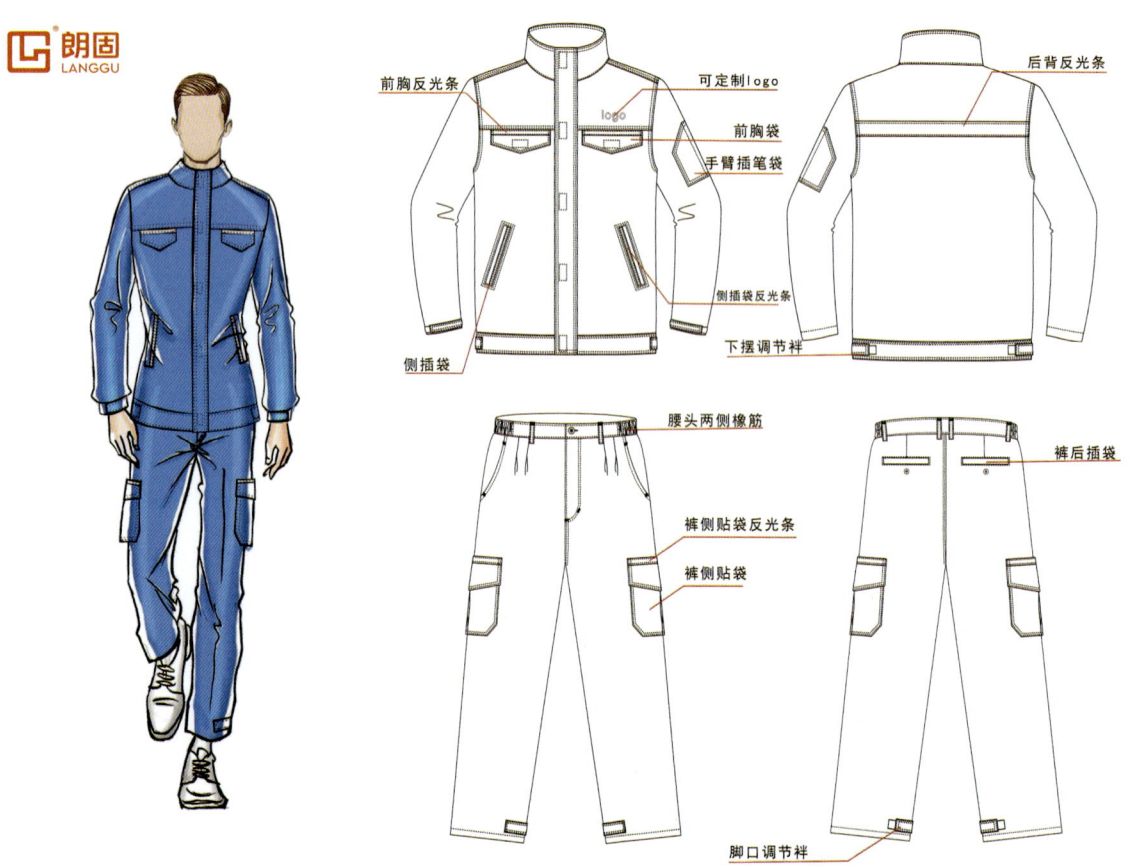

图5-8 分体式通用工作服设计图稿

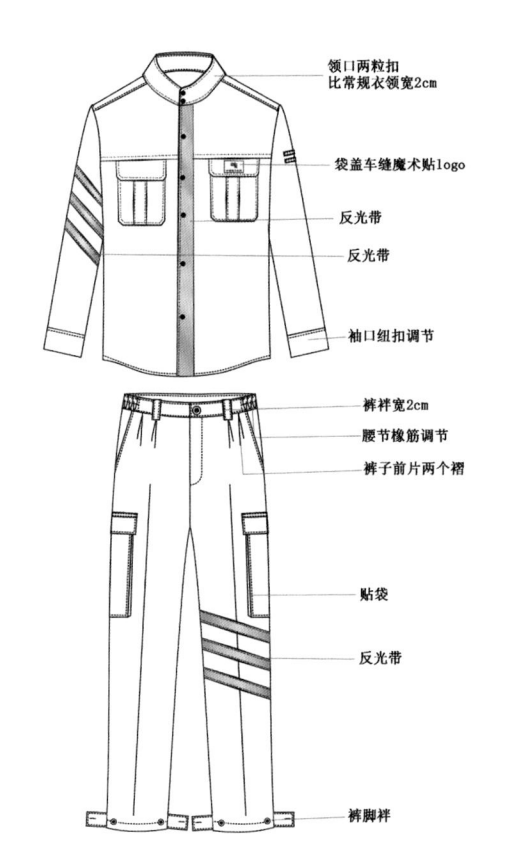

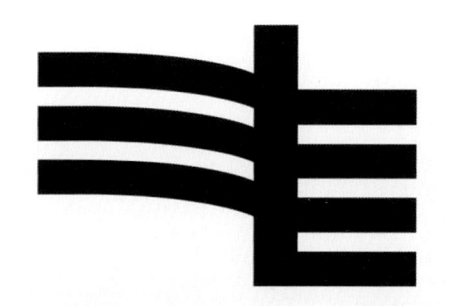

图5-9 反光条造型设计与南方电网公司标识的巧妙融合

A.标识的外形类似汉字"电",富有浓厚的中国文化特色,不仅深刻、庄重,同时亦点明了公司所属的行业特质。

B.标识中间的"L"形为"连接"的汉语拼音首字母,同时也是"连接"英文"LINK"的首字母,标识造型流畅连贯,一气呵成,便于组合应用。

C.标识采用完全开放式的造型,向两方延展的线条形似纵横九州的动力线,体现公司经营电网的核心业务,寓意公司在新的市场格局中,具有无限的发展空间。

D.整个标识在造型上体现一种向上飞翔的态势,表明公司代表先进生产力发展的前进方向,是开放、充满生机和活力的现代化企业。

务,了解局部机能性结构设计的作用,初步掌握相关技能。

（二）任务实施

为满足职业动作要求和人体工学特性,朗固公司研发团队设计了实用的机能性结构,如各部位尽可能大容量的口袋,方便工作者随身携带必要的工作用品和工具,袋口均可封闭,可防止物品丢失以及由此造成的隐患;上衣后背暗藏的"鱼鳃"和后肩育克通气口结构,以及腋下拼接的弹性针织面料"袖裆",能有效提升肩背和手臂的动作舒适性,弥补了主面料缺乏弹性、服装整体造型又比较修身带来的局限性（图5-10）。

八、制版、试样

（一）下达任务

学生跟随企业导师进行该段任务学习,完成制版和样品制作（图5-11、图5-12）。

（二）任务实施

样品试制,包括制版、面辅料和其他配料选择试制、成型工艺试验、结构试验、各部位缝制加工方式试验、各部位结构形式合理性试验。

样品应具有造型效果符合性、号型尺寸设计符合性,能够实现完整样衣系统效果审视。

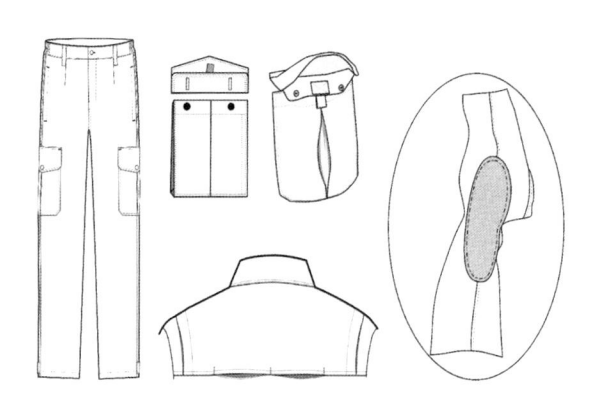

图5-10 局部机能性结构设计

图5-11　学习打版　　图5-12　缝制样衣　　图5-13　流水线生产

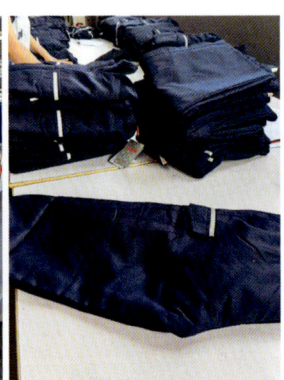

九、工业化生产

通过试穿验证、样品性能测试评价、试穿验证改进定型，然后呈送客户鉴定，进行批量生产。

朗固公司提交样衣给南方电网集团审核，确认后进行工业化生产。

（一）下达任务

对应企业实际生产条件，完成产品工程化所需各项生产及技术资料的制备，了解工业制版、排版、流水线设计等。

（二）任务实施

跟踪学习，了解企业产品生产的状况，能基本熟悉流水线生产（图5-13）。

十、成品展示

将制作完成的长大褂式专用操作服、连体式专用操作服、分体式通用工作服进行展示（图5-14至图5-16），并为企业电弧防护服制作进一步研发品宣图（图5-17）。

十一、项目评价

（一）南方电网的评价

该项目提供的一系列新产品样式新颖美观、色彩鲜明、标识性强，符合我司企业形象主体风格，服装品类和款式结构能满足相关岗位作业防护要求，实用性强。

图5-14　长大褂式专用操作服

图5-15　连体式专用操作服　　图5-16　分体式通用工作服

图 5-17　为企业电弧防护服进一步研发的品宣图

（二）学生自评

岗位实训自我分析与总结

收获与总结：	存在的主要问题：

实训后反思：

（三）校企双方考核评价

校企双方导师对参与此项工作的学生进行考核和评价，评分标准如下。

评分标准

考评项目	考核内容	评分	企业导师评分	校方教师评分
需求调研相关（20分）	调研方案设计完整，要点明确，内容具体，要素齐全，方法得当，操作性强。	5		
	调研实施任务分解到位，分工明确，实施合理，所收集到的各类资料种类丰富、信息全面、内容具体，对后续产品设计方案的完成有明确的指导作用。	5		
	调研报告要素完整，内容翔实，逻辑清晰，能完整地体现整个调研和分析过程，形成明确可行、可有效支撑后续产品设计开发的结论。	10		
产品设计相关（60分）	产品品种体系清晰、完整，功能定位准确，符合实际需求。	5		
	单品设计创意独特，设计思想明确，设计意图表达清晰，实际可行、操作性强。	10		
	设计元素分析提取准确、色彩重构、设计合理，可实现性强，且作品整体色彩效果良好。	10		
	服装造型风格契合企业形象和职业场景，款式结构设计符合人体工学原理，可满足实际作业操作要求，细节设计巧妙合理，实用且可行，相关配饰搭配协调，突出特色。	20		
	版型结构、规格尺寸设置合理，成衣样完成度高，效果符合预期。	15		
产品工程化相关（20分）	面辅料材质选配合理，满足性能防护要求，系统集成与加工性良好，适应工业化生产要求。	10		
	工艺合理、有创新，切合企业生产实际，利于批量标准化生产。	10		

注：企业导师分数×70%+学校教师分数×30%，满分为100分，90分及以上为优秀，80分至89分为良好，70分至79分为中，60分至69分为及格，60分以下为不及格。

教师综合评价

评价	

（四）总结评估

工作任务结束后，校企双方召开总结评估会，对整个"项目—任务—工作过程"的组织方式、达成目标等方面进行评估，形成报告。

课后练习

模拟本节中南方电网专用劳动防护服系列产品的设计研发过程，拓展设计与之成体系的职业标识类服装系列，满足行政管理、市场营销等部门人员的统一着装需求，与既有的劳动防护服系列一起形成完整的南方电网集团职业装产品体系。具体要求如下：

1. 调查分析该系列服装的适用场景，论证、厘清需求，并据此提出完整明确的产品品种体系方案。

2. 完成产品设计提案，制订产品开发计划和样品试制说明，并论述其可行性。

第二节 时尚男装品牌研发项目

一、项目描述

项目名称：雷迪波尔2022春夏新休闲装、新商政装产品设计开发。

项目背景：校企合作企业——雷迪波尔服饰股份有限公司。

雷迪波尔服饰股份有限公司是一家多品牌、国际化的企业，被工信部认定为首批国家级工业设计中心。自主持有品牌雷迪波尔（Raidy Boer）、吉那诺（GHILARO）和代理意大利的品牌费兰特（Ferrante）共同构成雷迪波尔企业国际化多品牌运营的核心格局（图5-18、图5-19）。

本项目由雷迪波尔企业提供，师生参与2022年新季产品的部分研发环节。

项目实施及管理：由企业方导师雷迪波尔品牌形象策划

图5-18 自主持有品牌雷迪波尔

图5-19 自主持有品牌雷迪波尔新装

总监带领企业设计团队组织实施，专任教师协同管理执行。

项目综合实践目的：产品研发岗位实训，指导学生学习、了解时尚服装企业的设计研发流程和企业运行模式，结合实习实训，理解、掌握此类新商政服装、休闲类服饰产品设计与研发的方法和实操技能。

二、研发部工作流程

（一）下达任务

了解雷迪波尔企业研发部工作流程和年度工作计划，参与部分环节（图5-20）。

1.任务目标

在企业研发部导师带领下，学生分组进行市场考察。

学生1组：从各渠道收集国内外流行趋势和资讯。

学生2组：到当地雷迪波尔公司专卖店了解销售情况，收集客户及店员反馈的销售信息。

学生3组：了解竞争品牌的销售情况并收集信息。

2.任务要求

了解并分析畅销、滞销的款式及成因；了解并分析库存产品的情况；为新季产品开发提供有价值的数据。

（二）任务实施

汇总数据形成报告，作为开发前这一阶段的支撑数据。

三、开发前的各项工作

此项工作有：制作产品企划方案，根据企划方案进行款式设计；设计各类别的基础款式图；

月份	3月		4月		5月	6月	7月	8月	9月
日期	1-6	责任人	1-3	责任人	1-8	1-5	1-3	1-7	1-3
内容	销售分析锁定延续款	数据提供：D 分享人：C	SKU月计划初稿	分享人：池	广州、深圳中大市场考察			订货会前准备	拍摄画册
日期	7-13		4-10		9-15	6-12	4-10	8-14	4-11
内容	品牌收集及分享	博柏利：B 拉夫劳伦：B 香奈尔：B 比音勒芬：B 诺悠翩雅：A 哈吉斯：A 路易威登、古驰：A 柯蒂斯：C 斯可菲得：C 迈克高仕：A 蔻驰：C	企划方案初稿，包括颜色、面料、元素、细节的打样。	企划分享人：B 样片跟进人：A	2023春夏辅料开发	2023春夏二次开发		2023春夏订货会	工厂下单
日期	14-20		11-17		16-22	13-19	11-17	15-21	12-18
内容	单品收集及分享	T恤、卫衣：A 针织衫：B 衬衫：C 连衣裙：B 外套：A 半身裙：B 牛仔裤：A 休闲裤：C 鞋、包、丝巾、袜子：C	上海面辅料展	全员	2023春夏首次开发	2023春夏二次开发	回板	2023春夏订货会	工厂下单
日期	21-27		18-24		23-29	20-26	18-24	22-28	19-25
内容	市区逛市场	全员分享：大牌色系、国内品牌系列及价格、优衣库、比音勒芬功能面料、工艺细节等，调研拍照分享。	四川市场考察（巴中、攀西地区）	全员	2023春夏首次开发	2023春夏二次开发	回板	配辅料、传生产采购单	
日期	28-31		25-30		30-31	27-30	25-31	29-31	26-30
内容	延续款出图按元素划分	经典格纹：A 1/2号老花：B 3号老花：3 小香风、国风：B	四川市场考察（巴中、攀西地区）	全员	2023春夏首次开发		企划方案定稿组织内审	2023春夏货品款式说明撰写	

备注：持续性工作（1.礼品的下单及跟进　责任人：A　2.产前样的批版　责任人：B）

图5-20　雷迪波尔研发部2022年3至9月工作计划表

根据企划所需开发辅料，开发采购当季最新面料；设计绣花图案、设计领型图（衬衫和T恤），并对该类设计提前实物打样；参与制定各品类标准尺寸数据（基础款）等。学生参与其中部分环节进行学习和实操。

（一）下达总任务

了解制作产品企划方案的方式和内容，包括主题、灵感来源、辅料、色系、SKU需求、价位段等。

了解企划方案进行款式设计的流程，包括详细的款式图、内里图、配色图、各部位尺寸标注图等。

根据企划方案设计绣花图、T恤，并参与"绣花图案+T恤"成品打样。

（二）任务实施

了解并学习设计部使用的辅助绘图软件（图5-21）。

学习设计企划方案，了解产品系列开发理念（图5-22）。

1. 雷迪波尔2022春夏新商政系列开发的理念

（1）设计理念：风格以简约为主，结合年轻化的趋势，重点打造高价值的系列产品；首选高成分奢华面料，同时增加科技和功能性的新型面料；增加设计的新亮点，如细节、内里、工艺的做法，体现新商务细节和销售的卖点；随着客户群的年龄变化，采用趋于年轻化的新版型。

图5-21 部分绘图软件图标　　图5-22 雷迪波尔2022春夏产品设计企划

图5-23 雷迪波尔新商政系列

图5-24 雷迪波尔2022春夏新商政系列开发主题看板

（2）系列色彩：在商务经典色的基础上增加新的色彩设计，如具有适穿性的中性色。

（3）设计元素：以品牌标志和英文为主要元素，体现简于外、精于内的设计风格（图5-23、图5-24）。

2. 雷迪波尔2022春夏新休闲系列研发理念

（1）设计理念：多元化组合风格是新休闲系列的重点，多元而有序，增强系列感；款式类别、系列色彩拥有宽度的同时，更注重品质的深度；针对都市休闲群体设计，以经典图案组合以点缀为主的新工艺应用；增加科技功能性面料及工艺的应用比例。

（2）系列色彩：在畅销色的基础上增加能够代表潮流的流行色等。

（3）设计元素：以经典英式格纹为主要风格元素加TRB图形组合，以品牌老花图形加标志图形的组合设计，增加"国潮文化+三星堆神秘图腾+英文字母组合"的创新设计（图5-25、图5-26）。

图5-25　雷迪波尔新休闲系列

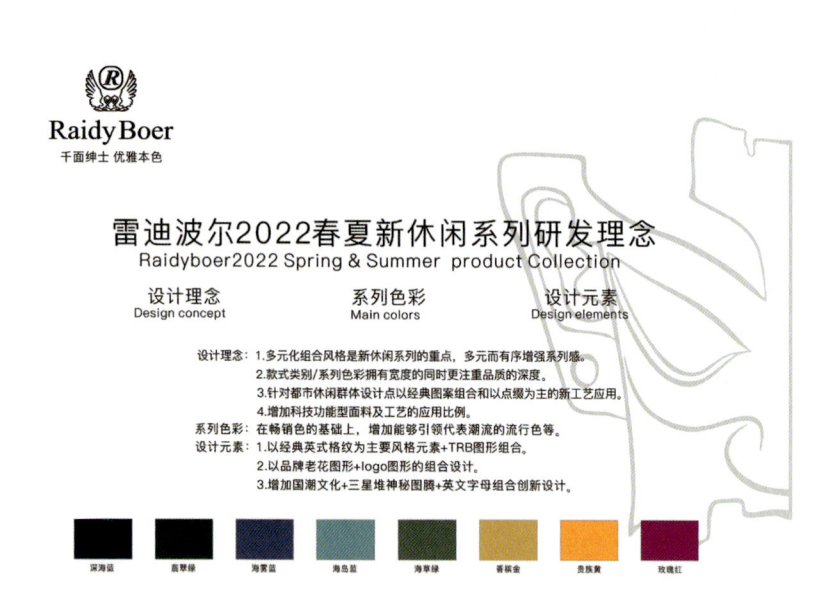

图5-26　雷迪波尔2022春夏新休闲系列研发主题看板

四、参与T恤设计

（一）雷迪波尔2022春夏T恤的设计要求

1. 横机T恤

（1）打造高质奢华的纯色及简洁横条T恤，精选100%可机洗桑蚕丝及丝羊绒高端奢华成分。

（2）英式风格的格纹和条纹重组设计，既能确保英式风格，又能体现独有性。

（3）加大老花图案多元化工艺组合，类别开发应更加系列化。

（4）在经典颜色的基础上增加新的色系，如柔和的中性色、英式卡其色等流行色。

（5）经典图案的沿用及增加新图案的创造。

2. 圆机T恤

（1）针对新商政系列打造高质奢华的纯色及简洁横条T恤设计。

（2）英式风格和老花图形的多元化款式类别设计。

（3）延续经典图案和加大新款的研发比例，实现经典图案的沿用及新图案创作的增加。

（4）在经典颜色的基础上增加新的色系，如柔和的中性色、英式卡其色等流行色。

（5）在成熟工艺的基础上增加新工艺的应有比例。

（6）增加国潮元素相关的图案设计。

（二）下达任务

经企业导师和学校任课教师沟通，确定学生参与圆机T恤设计，设计着重结合春夏新休闲系列研发理念中的设计元素，增加"国潮文化＋三星堆神秘图腾＋英文字母组合"，进行创新设计。

（三）任务实施

1. T恤设计开发

认真学习，深刻领会企业对T恤的设计要求。

立足于三星堆的考察和文化元素提取，结合时下的国潮风做灵感分析图（图5-27）。参与雷迪波尔2022春夏T恤的设计开发，绘制设计图稿（图5-28）。

2. 设计评价

设计的款式和色彩符合企业开发要求。图案设计有三星堆的元素，结合了国潮风，但前胸图案设计定位不准，其奢华和高级感不足，缺乏工艺设计。

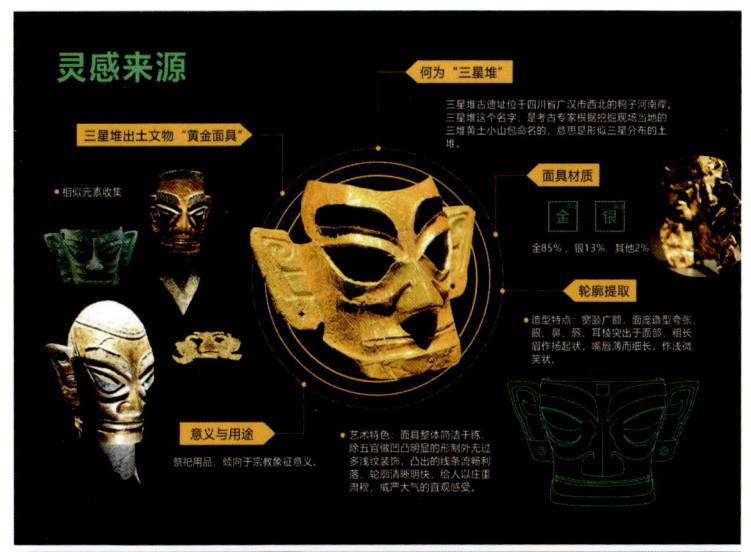

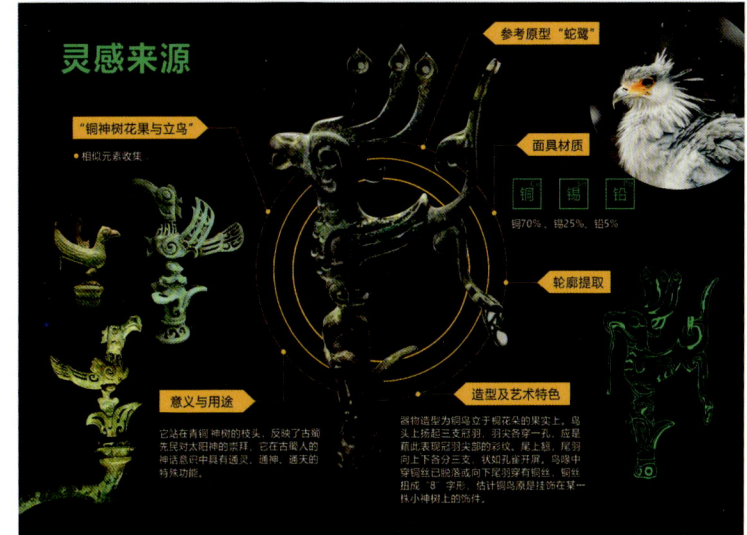

图5-27 灵感来源分析图

图5-28 三星堆元素T恤设计图稿　设计学生：程茜、韩睿　指导教师：陈艾

五、参与T恤图案设计

（一）下达任务

1. 任务目标

按照企业2022春夏T恤图案设计的要求绘制创意图稿。

2. 任务要求

应针对都市休闲群体设计；有以经典图案组合并加点缀为主的新工艺应用；应设计出详细的款式图、配色图；应展现工艺细节，做好面辅料搭配等。

（二）任务实施

学生参与绘制T恤前胸图案。完成T恤图案设计图稿（图5-29至图5-31）。图中各款可加烫钻与其他流行工艺，提升品质感。

（三）确定工艺和图案尺寸

以研发部设计师的图稿——三星堆国潮系列图案神鸟花蕾图为示范（图5-32）。

六、2022春夏T恤设计图稿

完成图案设计后，着手绘制2022春夏T恤设计图稿（图5-33至图5-35）。

图5-29　设计学生：韩睿
指导教师：陈艾

图5-30　设计学生：汪雨娇　指导教师：杨睿佳

图5-31　设计学生：谢沁君　指导教师：杨睿佳

图5-32　三星堆国潮系列图案：神鸟花蕾图

图5-33　新休闲系列：三星堆国潮圆领T恤+神鸟花蕾图

七、2022春夏T恤成品展示

完成图稿制作后进行2022春夏T恤成品展示（图5-36至图5-38）。

图5-34　新休闲系列：三星堆国潮圆领T恤＋三星堆黄金面具图

图5-35　新休闲系列：三星堆国潮圆领T恤＋三星堆铜花果与立鸟图

图5-36　三款T恤图案的成品展示

图5-37　企业推广新品品宣图

图5-38　雷迪波尔专卖店主推"国潮文化＋三星堆神秘图腾＋英文字母组合"的创新图案T恤

八、项目评价

（一）学生自评

岗位实训自我分析与总结

收获与总结：	存在的主要问题：
实训后反思：	

（二）校企双方考核评价

校企双方导师对参与此项工作的学生进行考核和评价，评分标准如下。

评分标准

考评项目	考核内容	评分	企业导师评分	校方教师评分
制定产品企划方案相关（25分）	产品定位明确：确定产品的目标受众，考虑其年龄、性别、职业、收入等方面的特点；设计主题、灵感来源、辅料、色系、SKU需求均完整。	10		
	对目标市场的深入调研和分析合理：了解当前市场的流行趋势、消费者需求和潜在机会的情况；设计详细的款式图、内里图、配色情况，突出主题。	10		
	销售策略的有效制定：在合适的销售渠道，如线上平台、实体店铺、批发市场等，制定有效的营销活动，使多维度的广告宣传符合公司整体定位。	5		
产品设计相关（50分）	产品设计提案的完整性：清晰、准确地阐述设计理念，使其易于理解与接受；提出富有创意且具有可行性的设计方案。	15		
	产品设计细节把控符合设计需求情况：对细节的精准把控，洞察力敏锐，确保每个环节都经过认真考虑。	10		
	产品设计技术实现情况：制作技术的可行性，确保设计理念能够转化为实际产品，同时满足技术要求。	10		
	设计人员研究能力体现：通过深入研究用户需求，能够为产品设计提供有力的数据支持，确保产品满足用户期望。	10		
	产品开发设计的时间管理合理：可有效地进行时间管理，确保项目按时完成并保证设计质量。	5		
产品呈现相关（25分）	产品呈现符合设计提案：使产品具有符合设计提案的创新性和实用性。	15		
	产品设计和工艺均符合批量化、标准化生产需求：面辅料材质选配合理，面料的剪裁、缝制、整理等加工过程完善。	10		

注：企业导师分数×70%+学校教师分数×30%=学生得分。满分为100分，90分及以上为优秀，80分至89分为良好，70分至79分为中，60分至69分为及格，60分以下为不及格。

教师综合评价	
评价	

（三）总结评估

工作任务结束后，校企双方召开总结评估会。对整个"项目—任务—工作过程"的组织方式、达成目标等方面进行评估，形成报告。

思考题

完成岗位实训的自我分析与总结。

课后练习

根据在本项目所学的经验，模拟雷迪波尔2024春夏设计产品企划方案。

后记

本教材为修订版本，是一本校企"双元"合作开发的教材。本次修订以企业的开发流程为编写主线，强化了校企合作"双元"育人的特色。教材中项目化教学案例均是校企合作单位提供的真实案例。高校和企业共同推进工作任务的学习，其中企业起到了重要作用。

四川城市职业学院领导班子和相关部门高度重视教材建设工作，深入贯彻落实习近平总书记关于职业教育工作和教材工作的重要指示批示精神，组织教师学习教育部关于"十四五"职业教育规划教材建设的文件，组织专家讲解、指导教材编写工作，帮助编写团队理清编写思路。

校企"双元"合作开发教材在拓宽学生职业发展路径和企业人才培养方面具有重要意义。广东朗固实业有限公司、雷迪波尔服饰股份有限公司、际华三五三六实业有限公司等企业在本次教材编写上给予了大力支持。特别是际华集团股份有限公司研究总院暨系统工程中心，派出具有良好修养和优秀专业能力的专家端木琳作为执行副主编，指导和参与本次教材编写。

感谢编写团队各位老师的辛苦付出。感谢黑龙江大学张殊琳教授的大力支持。本教材项目一由张晓黎、陈艾（四川师范大学）、韩天爽编写，项目二由张晓黎、陈艾编写，项目三由端木琳负责职业装编写、李晨晨负责休闲装编写，项目四由张晓黎、杨睿佳、韩天爽、陈艾编写，项目五由端木琳、张晓黎编写。除此之外，袁本鸿、韩剑虹协助完成了本教材部分编写和修图工作。全书由主编张晓黎统稿。

本教材选用了中国服装设计最高荣誉"金顶奖"获得者张义超、李小燕等几位时装设计师的作品，选用了时装设计师杨成成的作品，选用了四川师范大学服装与设计艺术学院李辉、金素雅、魏双一等毕业生提供的他们就职公司的作品、产品，在此一并致谢。本书部分图片作品为编写团队创作、学生习作以及设计师和企业提供，部分图片作品来源于专业出版物和相关网站，在此向原作者表示真诚的感谢。

特别要感谢人民美术出版社胡姣、赵梓先两位编辑的辛苦付出和专业指导！

编写团队努力打造培根铸魂、启智增慧，适应时代要求的精品教材，希望使用本教材的师生和读者不吝赐教，以便在下次修订时能有更好的成果呈现。

2024年元月

参考文献

[1] 张晓黎著.服装设计创新与实践[M].成都:四川大学出版社,2006.

[2] 万棣.谈空乘制服的服饰特点[J].天津工业大学学报,2004,(5):62-64.

[3] 秦宏.运动风格在休闲服装中的设计应用研究[D].东华大学,2013.

[4] 占玥,李钊.服装面料艺术再造的方法及其案例分析[J].山东纺织经济,2011,(6):60-62.

[5] 季小霞,梁惠娥.休闲男装的艺术性表征及设计准则[J].南通纺织职业技术学院学报,2013,13(03):38-41.